目录 /contents

017　第 2 章　涂布白卡纸的防伪技术

071 第4章 防伪涂布白卡纸的质量要求和控制

第1章 涂布白卡纸

1.1 涂布白卡纸概述

随着社会经济的发展和人们生活水平的提高，纸张的用途越来越广泛。涂布白卡纸作为一种高档包装材料，主要用于日用品、化妆品、食品、药品、香烟、电子通信产品等小型高档商品及高附加值产品的外包装，在非包装领域常用作贺卡封面、名片、证书、请柬、台历以及邮政明信片等。

1.1.1 涂布白卡纸的分类

通常使用的涂布白卡纸（以下简称白卡纸）的定量范围在$180\sim350g/m^2$之间，白卡纸一般为单面涂布，主要的品种有：黄芯白卡（Folding Boxboard，缩写为FBB，应用于普通小彩盒）、白芯白卡（Solid Bleached Sulfate，缩写为SBS，应用于香烟及高档化妆品等）。SBS使用的浆种为100%的漂白硫酸盐木浆，FBB在面、底层使用漂白硫酸盐木浆，在芯层使用磨石磨木浆（SGW）、压力磨石磨木浆（PGW）、化学热磨机械浆（CTMP）或漂白化学热磨机械浆（BCTMP）等浆种。美国本土SBS基本以单层漂白化学浆为主，而中国白卡纸和欧洲FBB在成本结构和纤维结构上更加相似。对于中国企业来说，木浆成本依然是白卡纸生产成本结构中的最主要组成部分。尤其对于中国白卡纸生产企业来说，目前超过60%的生产白卡纸的企业所用木浆依然是从国内市场购买的商品浆，而北美多数白卡纸生产企业使用自制浆，他们通过林浆纸一体化生产在成本控制上占据优势。

1.1.2 涂布白卡纸的多层结构

典型的涂布白卡纸的结构包括纤维层和涂布层，其中纤维层包括面浆层、芯浆层和底浆层，其作用是为纸板提供物理性能；而涂布层包括面涂层、衬涂层和底涂层，其作用是提供纸板印刷与表面加工性能。涂布白卡纸通常还需要进行背涂，背涂分背涂淀粉和涂料两种，根据具体情况而定。涂布白卡纸的多层结构见图1-1。

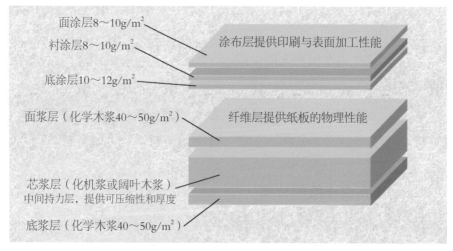

图1-1 涂布白卡纸的结构示意图

1.1.3 涂布白卡纸的性能特点

涂布白卡纸作为一种具有优异彩印加工性能的包装纸板，有以下特点：

（1）具有"纸"的特点：以植物纤维原料为主体，具有可降解性，是性能最佳的承印材料。

（2）具有"板"的性能：用于制造彩色印刷的瓦楞纸箱和彩盒，为商品提供良好的价值宣传和保护功能。

（3）表面"涂布"：为纸板提供了高精度多色彩印的适印性和丰富的印后加工性能。

1.1.4　涂布白卡纸的生产、消费现状

过去几年，中国白卡纸和涂布白纸板市场的发展受到业内瞩目，一方面是由于产能增速较快，另一方面是由于白纸板从净进口转为净出口，且出口量不断增大。因此，以原生木浆为原料的白卡纸和以废纸为主要原料的涂布白纸板的国内终端市场结构和增速规模成为业内企业分析的重点。在新增产能方面，相关企业如博汇纸业、APP纸业陆续投入运行百万吨级白卡纸机，以及广西斯道拉恩索林浆纸一体化项目一直是新闻媒体追逐的焦点。

2007—2013年我国白卡纸消费量的年均增长率维持在9%以上，一直在推动白纸板总体消费量的增长，而以灰底白纸板为主的再生白纸板消费量年均增长率仅维持在4%左右。中国从2012年起正式成为白纸板的净出口国，并且净出口量在2013年增加到30万t。2013年，以原生木浆为原料的白卡纸的消费量占白纸板总消费量的39%左右，比2006年提高了8个百分点。白卡纸消费量年增长率2013年达到11%，主要受益于液体包装纸板和食品级卡纸消费量的高速增长。液体包装纸板目前仍以进口为主，2013年进口量为40万t，约占液体包装纸板总消费量的63%，但这一数字在2006年曾高达80%。纸杯纸消费量目前约占白卡纸总消费量的13%，即75万t左右。国内的主要白卡纸生产企业近几年也纷纷将发展重心转移到这些纸种的开发和生产上。

中国白卡纸产能集中度目前已经达到较高水平，前5家主要生产企业的累计产能已经占到中国白卡纸总产能的75%。中国11家主要白纸板生产企业产能分布如下：环渤海经济区有山东博汇纸业股份有限公司、山东万国太阳白卡纸、玖龙纸业（河北永新、天津），长三角经济区有宁波亚洲浆纸有限公司、宁波中华纸业有限公司、浙江永泰纸业集团股份有限公司、浙江正大纸业集团有限公司、江苏博汇纸业有限公司，珠三角经济区有玖龙纸业（东莞）、东莞金田纸业有限公司、东莞建晖纸业有限公司、珠海红塔仁恒纸业有限公司、理文纸业（广东），西南地区有广西金桂浆纸业有限公司，成渝经济区有玖龙纸业（重庆）。由此看来，中国白纸板生产企业的纸厂目前仍主要集中在沿海三大经济带区域，西南地区是这几年白卡纸产能重点发展的

区域之一，包括已经投产的广西金桂浆纸业有限公司食品卡纸项目，建设和计划中的江西晨鸣纸业有限责任公司食品卡纸项目，以及广西北海斯道拉恩索的液体包装纸板项目。国内涂布白卡纸的主要生产企业及产能如表1-1所示。

表1-1　国内涂布白卡纸的主要生产企业及产能

企业名称	主要品牌	生产能力（万t）
红塔纸业	红塔牌、银冠牌	28
太阳纸业	金太阳、华夏太阳、万国联邦	45 40（液包）
博汇纸业	博汇牌	65
晨鸣纸业	白杨、新白杨	36
宁波中华	金鸥牌、汉威、酋长宁波之星、白玉牌	60
亚太森博	森博、博旺牌	17
美利纸业	2008年2月投产	30
新亚纸业	2007年12月投产	20
恒兴纸业	恒兴牌	10
骏马纸业	骏马	10
金奉源纸	环牌	11
广西金桂	柏爵	120
珠海华丰	红梅牌	30
江西晨鸣	紫檀牌	35
合计		557

1.1.5　涂布白卡纸的市场应用领域

1. 直接市场

直接市场以包装印刷企业为主，另外还有少量出版物印刷企业。主要印刷方式：

①胶版印刷：面向消费品包装，如化妆品、食品、药品、部分香烟、书刊画册等；

②凹版印刷：主要是香烟包装；

③柔版印刷：主要是快餐食品包装。

2. 终端市场

①香烟包装：专用香烟白卡，属于目前附加值比较高的市场领域；

②食品包装：直接接触食品的白卡纸通常称为食品卡，目前在洋快餐的包装中普遍应用，也是目前附加值比较高的市场领域之一；

③消费品包装：用于消费品包装的白卡纸统称为社会白卡，用于化妆品、食品、药品、休闲食品、书刊画册、礼品、通信产品、IT产品等；

④液体食品包装：用于液体食品，如水、果汁、饮料、奶制品等的包装的白卡纸，处于白卡纸市场的最高端，如常温液态奶的无菌包装（UHT），该白卡纸产品目前还需要从欧美进口。

1.2 涂布白卡纸的生产工艺

涂布白卡纸的生产过程分为三个阶段，即制浆工段（指浆板碎解、打浆、调料）、抄纸工段、完成工段。制浆和抄纸生产流程见图1-2。

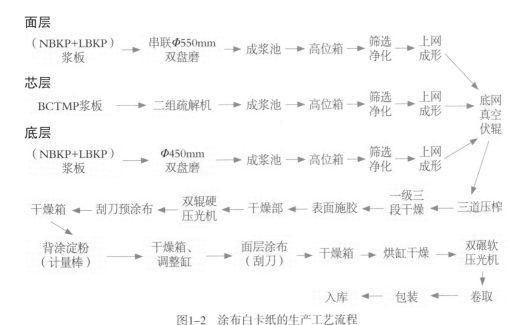

图1-2 涂布白卡纸的生产工艺流程

1.2.1　主要的工艺参数

1.2.1.1　浆料、辅料配比

1. 浆料配比

面层：LBKP 50%～95%，NBKP 5%～50%；

芯层：BCTMP 60%～75%，损纸25%～40%；

底层：LBKP 50%～95%，NBKP 5%～50%。

2. 辅料配比

面、底层：松香0.5%～1.0%，矾土2.5%～3.0%，阳离子淀粉0.5%～1.5%，滑石粉5%～15%；

芯层：松香0.2%～0.5%，矾土0.4%～1.0%。

1.2.1.2　打浆

面层：叩解度28～42°SR，湿重0.8～2.5g；

芯层：叩解度18～35°SR，湿重1.0～1.2g；

底层：叩解度28～44°SR，湿重1.0～4.0g。

1.2.1.3　抄纸

（1）车速180～275m/min（网速）；

（2）上网浓度：面层0.2%～0.45%，芯层0.5%～0.75%，底层0.15%～0.35%；

（3）一压线压力40～60kN/m，二压线压力80～160kN/m，三压线压力40～80kN/m；

（4）硬压光机：线压力45～100kN/m，温度100～150℃；

（5）软压光机：线压力70～140kN/m，温度80～160℃；

（6）各部水分：表面施胶5.0%～7.0%，硬压光机5.0%～7.0%，软压光机5.5%～6.5%；

（7）涂布干燥箱：温度80～160℃；

（8）涂布：涂布量20～25g/m²，其中面涂10～13g/m²，底涂10～12g/m²，背面涂淀粉1～2g/m²，正面涂布采用硬、软刮刀，背面用计量棒；

（9）成纸定量230g/m²；原纸各层定量：面层35～60g/m²，芯层90～60g/m²，底层40～45g/m²。

1.2.1.4 涂料

涂料配方见表1-2。

表1-2 涂料配方 　　　　　　（单位：绝干份数）

项目	面涂	底涂
瓷土	60～90	10～30
CaCO₃	10～40	70～90
胶乳	10～16	12～18
润滑剂	0.5～0.7	0.5～0.7
抗水剂	0.5～1.0	0.5～1.0
消泡剂	0.05	0.05
其他	0.5～1.0	0.5～1.0

涂布固含量60%～72%，pH=8.5～9.5，涂布黏度1500～3000mPa·s。

1.2.2 生产工艺控制要点

1. 纤维原料

对于涂布白卡纸而言，芯浆一般采用热磨机械浆（TMP）和化学热磨机械浆（CTMP）或漂白化学热磨机械浆（BCTMP）。芯浆中加入机械磨木浆有利于提高涂布白卡纸的松厚度和平滑度。底浆采用漂白硫酸盐阔叶木浆（LBKP）或竹浆、中长纤维等浆种或其混合浆，并配入一定比例的漂白硫酸盐针叶木浆（NBKP），以提高纸张的挺度和强度。针叶木长纤维配入比例一般为30%～40%。

面浆的选择跟纸张的质量要求有紧密的关系，一般采用漂白硫酸盐阔叶木浆（LBKP）配入少量针叶木长纤维。针叶木长纤维配入比例一般为10%～20%。

2. 打浆与抄造

为了提高涂布白卡在涂布前原纸的平滑度，面浆的打浆度一般控制在42°SR。为了提高纸的挺度并兼顾平滑度，底浆的打浆度要低些，可控制在40°SR左右。芯浆为了控制纸张的松厚度和挺度，工艺制定的叩解度较低，一般控制在18～35°SR。面、底浆的挂浆克重一般在25～60g，这要根据纸张的质量要求和所选择的纤维浆种以及所定的打浆度来决定，另外设备的抄造水平也是一个重要因素。

3. 加填及助剂

芯浆加填需根据损纸情况来定，一般来说损纸中已含有大量的高岭土、碳酸钙等涂布颜料，为了保证纸张的松厚度，不用加填。面、底浆适量加填有利于提高成纸的平滑度和挺度。浆中加入适量的助剂，以提高涂布白卡纸的各项指标，但要注意各种助剂的相容性，浆料的pH值，各种助剂所要求的pH值的范围是否满足要求，以及各种助剂的针对性。

浆料中加入阳离子增强淀粉不但能提高纸张的强度，而且有助于提高纸张的耐折性能。在纸浆上网工段，每层浆料间应采用喷淋淀粉，以提高每层纸浆的结合强度和成纸的挺度，但过量使用会造成湿部压花和粘辊，网部滤水差，影响纸机车速。纸张的挺度也可以通过添加某些助剂加以提高，如抗水剂等。

4. 干燥

对于湿部抄造和压光条件欠佳的企业来说，烘缸温度应适当调低，让有一定湿度的纸通过压光辊，可提高涂布白卡纸原纸的平滑度，一般控制原纸平滑度为：正面平滑度在18s以上，底面平滑度在12s以上。同时尽量放松干毯的紧度，减少毯痕，为后序涂布创造好的条件。

5. 表面施胶

压榨施胶可采用专用表面施胶淀粉，表面施胶可以使原纸的抗水性增加，在后序的涂布中能降低胶粘剂向纸层内的迁移，提高成品的光泽度和涂层的强度。

6. 涂布

涂料配方应根据纸的质量要求和设备的实际情况以及纸机车速来选择和调整。为了使涂布白卡纸的重要指标（平滑度、光泽度等）达到较高的标准，颜料一般首选高岭土。因为高岭土白度适宜，光泽度高，易分散，制成的浆料稳定性好，黏度低，pH满足要求。另外高质量的，粒度在2μm以下的碳酸钙可适量配入。颜料质量要求粒度分布适当，90%颗粒粒度为2μm左右。胶粘剂采用羧基丁苯胶乳（SBR）、苯丙胶乳、淀粉等，一般总胶量（对颜料而言）在20%左右，这要看设备等具体情况来调整。在底涂涂料和面涂涂料中的胶粘剂用量都不能少于16%，涂布均匀和涂布量的增加都有利于平滑度数值的提高，但涂布量过高又将造成干燥能力不够，涂层易爆裂等问题。

1.3　涂布白卡纸生产设备及过程控制

近年来随着新项目的上马，我国涂布白卡纸的生产装备处于国际先进水平，使产品的质量得到极大的提高。下面以某企业生产涂布白卡纸的主体设备为例，介绍涂布白卡纸的主要设备和控制特征。

1.3.1　流送系统

面层、芯层、底层、三台冲浆泵、压力筛、除砂器全部由奥地利VOITH进口，系统液位、流量、浓度稳定，脉冲少。

1.3.2　纸板机

（1）流浆箱：面、芯、底三层气垫式流浆箱，全部由奥地利VOITH

引进。采用锥形总管异径多管布浆器，K形浆道及匀浆辊整流，浆料分散均匀，横幅速度一致，可保证成纸匀度好，及降低横幅定量偏差。

（2）网部：网部由面、芯、底三长网叠合而成，长网成形器与圆网成形器相比，具有成形匀度好、纸页两面差小、纵横物理强度相近和平滑度高的特点，克服了圆网成形器的选分作用和洗涮作用。

（3）压榨部：一压下辊为真空辊，三压上辊为花岗岩石辊，二压引进奥地利大辊径盲孔压榨，由于辊径大，压区宽度大，可增加压榨线压力，既加强了脱水，又保证了成纸具有较高的松厚度和挺度。

（4）涂布部分：涂布部分选用了三个挠性底座的组合式涂布头，既可以用棒式涂布，又可以使用刮刀涂布。刮刀可适应于高固含量、高车速涂布，可得到高平滑表面，对纸面空隙填充效果好，保证纸面有较高的平整性。

（5）压光、整饰：涂布前，使用大直径的双辊硬压光机，辊面可加热，提高了涂布原纸的平整性，从而保证涂布后的产品质量。涂布后采用机内软压光进行整饰，可以保证纸页紧度、光泽度、平滑度比较一致，消除由于紧度不均匀，而出现涂布白卡纸色调欠匀称的现象，从而获得优良的印刷效果，以及较高的纸板挺度。

（6）纸板机：成纸宽2400mm，抄速150～275m/min，定量200～330g/m^2。

1.3.3　涂料制备

涂料制备的设备从法国CELLIER引进，可制备固含量高、分散均匀的涂料，保证了涂料质量。

1.3.4　在线的质量控制设备（QCS、DCS）

制浆部分的浓度检测调节设备及部分浆料流量计从国外引进，浆料配比及辅料的添加全部由计算机进行控制。纸板机内，设有定量、水分、涂布量检测控制系统，全套设备及计算机系统从美国引进。

1.3.5 完成设备

复卷机控制系统由ABB引进，其他机械部分由中国生产。双刀切纸机从日本引进。成纸切纸边整齐、误差小、精度高，设备除尘系统完善，可保证纸面洁净。

1.4 涂布白卡纸的主要性能指标

涂布白卡纸作为高档的印刷包装材料，不仅要求具有很好的表面印刷性能，同时要求有非常好的物理机械性能，其特点是挺度好，纸板结构均匀，纸张平整，粗糙度低，印刷性能好。

1.4.1 良好的外观质量

为了满足印刷和包装装潢的需要，要求涂布白卡纸的外观质量满足以下要求：

（1）纸面白度高，匀度好，尘埃少，无条痕、斑点、毯印、压伤等明显纸病；

（2）纸面平整，无翘曲、波浪、鼓泡、打折等现象；

（3）纸面上不应粘有切纸纸屑和外界粉尘；

（4）纸板纵横向的厚度、水分、紧度偏差小。

1.4.2 适度的物理强度

白卡纸的物理强度指标主要有抗张强度、撕裂度、环压强度、挺度、耐破度、耐折度等，其中，影响涂布白卡纸印刷和包装装潢性能的物理指标主要是纸板的挺度和耐折度。

涂布白卡纸一般要通过高速印刷和自动包装机制成折叠纸盒，因此挺度好、耐折度高的涂布白纸板能适应高速印刷，折叠时纸面不发生爆裂现象，制成的纸盒成型好、抗压强度高、不易变形，对商品起到良好的保护和装潢作用。

1.4.3　优良的表面特性

涂布白卡纸的表面特性包括：表面强度、表面粗糙度和可压缩性、纸面光泽度、印刷油墨光泽度、油墨吸收性、纸板表面抗水性、纸面pH值等，这些指标都与印刷质量直接相关。

涂布白卡纸表面强度是指在印刷过程中涂层表面对油墨黏着破坏力的抗拒能力，这是涂布纸板适印性的一项重要指标。当涂布纸板表面强度低于一定值，涂层表面所受到的外部拉力大于其内聚力时，纸面就会出现拉毛、起泡、全部或部分涂层颗粒或纤维被剥离撕裂等现象，严重影响印刷质量并造成糊版，使印刷作业无法继续进行。影响涂布纸板表面强度的主要因素是涂层颜料之间的粘接强度和颜料粒子与纸面纤维之间的结合强度；同时，由于涂层对原纸的依赖性，原纸的强度与涂层的表面强度之间有着密切的关系。

纸板表面抗拉毛强度既与纸板表面（包括纸面涂层、涂层与纤维、纤维与纤维之间）内部结合强度和纸板z轴方向膨胀、拉伸、弹性有关，也与印刷速度和使用油墨的黏度有关。纸面结合强度高，z向弹性好，抗拉伸的纸板抗拉毛强度高。

造纸行业通过调整面层浆配比和涂布配方，改善加工工艺提高纸板表面强度以适应印刷工艺的要求，同时印刷行业也可以通过调整油墨黏度，使其适应特定的涂布白纸板表面强度，以取得良好的印刷效果。

涂布纸板表面粗糙度和可压缩性是影响纸板印刷效果的最重要指标之一。影响涂布白纸板印刷质量的关键因素是纸板表面与印刷版面所能达到的均匀接触程度，接触不充分或接触压力分布不均匀必然会直接影响印刷效果。

涂布白卡纸是一种多孔性的材料，其多孔结构直接决定着油墨的吸收、转移与干燥，并且影响到印刷密度、印刷光泽度以及印刷阶调的再现性。油墨吸收性太高，势必将油墨连接料吸入纸板内，形成无光泽的粗糙印刷油膜，严重时甚至造成甩墨现象；油墨吸收性太低，印刷时容易着墨不良，印刷后油墨不容易干燥。

涂布白卡纸表面的pH值一般控制在8左右。pH值太高，油墨易被乳化；pH值太低，影响油墨的固化。

1.4.4 优良的尺寸稳定性

多色印刷中套印不准确的原因主要是印刷过程中纸张因水分含量的变化而产生变形，由此引出尺寸稳定性这一概念。在印刷过程中，0.02%的纸张尺寸变化就足以引起印刷困难。纸板的物理强度是关键，提高纸板面层浆抗张强度、挺度、耐折度有利于提高纸板的尺寸稳定性。从纤维原料来讲，草类纤维长度较短、半纤维素含量高、杂细胞多、纤维结构疏松，其尺寸稳定性低于木浆纤维原料。加强对纸板的浆内施胶和表面施胶处理，控制干燥工艺，可平衡纸板两面水分差，有利于提高纸板的尺寸稳定性。

由于纸板的横向变形比纵向变形大得多，因此采用纸板纵向与印刷辊筒轴向平行的方式进行印刷，有利于提高套印的精确度。在多色套印之前，为防止纸板变形，最好的办法是对其进行调湿处理，平衡其水分，以提高尺寸稳定性。另外，在产品贮存堆放时，保持良好的通风环境也是十分重要的。

1.4.5 涂布白卡纸实现小彩盒的包装功能与包装价值的关键性能

（1）涂布白卡纸涂布层具备优异的高速胶印和凹印适应性，能够满足各种印件丰富多彩的印刷工艺和精度需求，而且印色稳定。

（2）纸面能够适应所有后加工工艺要求，包括磨光、过水油、上UV油、覆膜、（冷热）烫金、凹凸、丝印、磨砂（压纹）等。

（3）纸板横向挺度高，而且纵横挺度差较小，适合异型盒制造。

（4）纸板耐折度等物理强度高。

（5）纸板紧度适当偏高，并且纸板z向应力小，能适应高速自动成盒工序及高速自动装盒工序的要求。

（6）纸板尺寸稳性高，在历经多道工序加工后仍能保持尺寸精度。

（7）涂布白卡纸外观洁白且芯层洁净，正反表面细腻平滑，能够衬托、展示商品的高品质和高价值。

1.4.6　涂布白卡纸的技术指标（GB10335.3—2004）

（1）涂布白卡纸的技术指标应符合表1-3的规定。对于单面光纸，除表1-3中第6和12项考核两面外，第7，8，9，10，11和13项均仅考核光泽面。

表1-3　涂布白卡纸技术指标

	技术指标		单位	规　定						
				优等品			一等品		合格品	
				双面光	单面光Ⅰ型	单面光Ⅱ型	单面光Ⅰ型	单面光Ⅱ型	单面光Ⅰ型	单面光Ⅱ型
1	定量		g/m²	170　180　190　200　210　220　230　250　270　280　300　330　350　400　450						
2	定量偏差		%	±0.3			±0.5			
3	横幅定量差≤		%	3.0			4.0		5.0	
4	厚度偏差		μm	±15			±20		±25	
5	紧度≤	<250g/m²	g/m²	1.10	0.79	0.80	0.82	0.84	0.84	0.86
		≥250g/m²		1.00	0.75	0.78	0.80	0.82	0.82	0.84
6	亮度≥	正面	%	88.0	88.0	88.0	85.0	85.0	82.0	82.0
		反面		88.0	75.0	80.0	75.0	80.0	70.0	75.0
7	光泽度≥		%	60	50		45		—	
8	印刷光泽度≥		%	90	88		85		80	

续表1-3

技术指标		单位	规定						
			优等品			一等品		合格品	
			双面光	单面光Ⅰ型	单面光Ⅱ型	单面光Ⅰ型	单面光Ⅱ型	单面光Ⅰ型	单面光Ⅱ型
9	印刷表面粗糙度≤	μm	2.00	1.70		2.00		3.00	
10	油墨吸收性	%	15～28						
11	印刷表面强度 中粘油墨≥	m/s	1.4						
12	吸水性（cobb，60s）≤ 正面	g/m²	40			50		60	
	吸水性（cobb，60s）≤ 反面	g/m²	40	100		100		100	
13	尘埃度≤ 0.2～1.0mm²	个/m²	16	12		20		32	
	尘埃度≤ >1.0～1.5mm²		不许有	不许有		不许有		2	
	尘埃度≤ >1.5mm²		不许有	不许有		不许有		不许有	
14	交货水分ᵃ 170～230g/m²	%	6.0±1.0						
	交货水分ᵃ 230～330g/m²		7.0±1.0						
	交货水分ᵃ >330g/m²		8.0±1.0						
15	横向挺度ᵇ≥ 170g/m²	mN·m	0.70	1.30	1.20	1.10	1.00	0.90	0.80
	180g/m²		0.80	1.50	1.40	1.30	1.20	1.00	0.90
	190g/m²		0.90	2.00	1.80	1.70	1.50	1.40	1.20
	200g/m²		1.40	2.30	2.00	1.90	1.70	1.50	1.30
	210g/m²		1.60	2.80	2.40	2.40	2.10	1.90	1.70
	220g/m²		1.80	3.20	2.80	2.70	2.40	2.20	1.90
	230g/m²		2.00	3.70	3.30	3.10	2.80	2.50	2.20
	250g/m²		2.60	4.60	4.20	3.90	3.50	3.10	2.80
	270g/m²		3.20	5.60	5.20	4.80	4.20	3.80	3.40
	280g/m²		3.50	6.40	6.00	5.40	5.00	4.30	4.00
	300g/m²		4.40	7.50	7.10	6.40	6.00	5.10	4.80
	330g/m²		5.80	9.50	9.00	8.00	7.50	6.40	6.00
	350g/m²		7.40	11.0	10.0	9.40	8.50	7.50	6.80
	400g/m²		10.0	16.0	14.5	13.5	12.0	11.0	10.0
	450g/m²		14.0	22.0	20.0	19.0	17.0	16.0	14.4

注：a. 因地区差异较大，可根据具体情况对水分作适当调整。

b. 用于凹版印刷的产品，可不考核印刷表面强度，挺度指标可降低5%。

（2）涂布白卡纸为平板纸或卷筒纸，平板纸的尺寸为787mm×1092mm，889mm×1194mm或889mm×1294mm，也可按订货合同生产，尺寸偏差应不超过$^{+3}_{-1}$mm，偏斜度应不超过3mm。卷筒纸的卷宽为787mm或889mm，也可按订货合同生产，尺寸偏差应不超过$^{+3}_{-1}$mm，偏斜度应不超过3mm。

（3）按订货合同可生产其他定量的涂布白卡纸，其挺度指标应按插入法计算，用于特殊用途的涂布白卡纸，其亮度指标可符合订货合同的规定。

（4）纸面应平整，厚薄应一致。不应有明显翘曲、条痕、褶子、破损、斑点及硬质块等外观缺陷。

（5）纸面涂层应均匀，不应有掉粉、脱皮及在不受外力作用下分层的现象。

（6）同批纸的颜色不应有明显差异，同批纸的色差ΔEab应不大于1.5。

（7）涂布白卡纸的优等品和一等品不应有印刷光斑。

第2章 涂布白卡纸的防伪技术

近年来，我国经济飞速发展，已经成为世界第二大经济体。随着我国市场经济的繁荣发展，社会财富增长、人们物质生活丰裕、市场商品种类繁多。据不完全统计，全国市场上流通商品有25万种以上。2009年国际反假联盟（International Anti-Counterfeiting Coalition，IACC）估计全球假冒商品的销售量约为6000亿美元，世界贸易中有5%～7%是假冒商品。假冒伪劣产品不断涌入市场，尤其是我国近年来接连出现毒奶粉、地沟油、毒胶囊等质量安全事件，假冒伪劣产品已经严重影响了人们的生活，甚至威胁到人们的身体健康与生命安全。伪造与防伪之间的矛盾越来越尖锐。与此同时，随着各种新技术的涌现，尤其是计算机图形处理技术、彩色复印、高精度扫描、高分辨率打印、数字化印刷技术的迅速发展，使原有的防伪措施很容易失密。因此，研究和开发各种新型、高效的防伪技术，是社会、经济发展的迫切需求。

就现有的防伪技术而言，通常有物理（光电）、化学、物理化学、生物或几种相结合等防伪方法，不同的防伪技术或方法有不同的防伪效果。一般来说，在现有的商品防伪中，采用何种防伪技术或方法要视具体情况尤其是根据物品的价值和用途而定。防伪纸张及其防伪技术，由于其用途广泛、使用方便、符合环保要求，而且具有技术、材料双重防伪等特性，一直以来受到人们青睐。目前，防伪纸张及其防伪技术主要用于各种证件、证券、证书、票据、商标、产品说明、外观包装等，涉及军事、公安、国防等相关行业，其应用的领域越来越广。因此，纸张防伪及其防伪技术，是多学科交叉技术的产物，也是各领域新技术和制浆造纸技术的完美结合，其应用前景广阔。

防伪涂布白卡纸是在高档涂布白卡纸的基础上发展起来的，是一种技术含量高、质量要求高、生产难度大的防伪纸板。防伪涂布白卡纸由于具有优良的性能，尤其具有较为明显的防伪标识，用途比涂布白卡纸更广，而深受用户的欢迎。用于包装行业，可以大大提高包装产品的质量，增值效果显著，因此，在烟草、食品、医药、服装、化妆品以及其他生活用品的生产行业已被广泛使用。

2.1　彩色纤维防伪涂布白卡纸

一直以来，假冒伪劣产品让不少企业头疼不已，特别是在香烟、药品、化妆品行业，产品被仿冒情况更为严重，这些行业产品被仿冒不但给企业带来了巨大的经济损失，更重要的是将直接损害消费者的身体健康。尽管生产企业绞尽脑汁，想办法加强自身产品的防伪效果，在一定程度上遏制了假冒伪劣产品的生产，然而由于某些产品防伪技术过于专业，需要借助仪器检测才能进行准确识别，不易被消费者掌握，这就造成了假冒伪劣产品仍然无法从根源上得到杜绝。

彩色纤维防伪涂布白卡纸是国内生产的第一种防伪涂布白卡纸，开创了防伪技术在白卡纸上应用的先河。彩色纤维防伪涂布白卡纸是在白卡纸中添加彩色纤维，达到防伪效果。以人民币相似彩纤的防伪为例，消费者容易识别，而且和后加工在印刷表面的防伪相比不易被仿制。由于彩色纤维的多样性及分布的灵活性，因而容易构成其特殊的标记，起到防伪的作用。此专利产品已应用于印刷香烟包装或药品包装，有力杜绝了假冒香烟或药品。图2-1为红色防伪纤维涂布白卡纸样品。

图2-1 红色防伪纤维涂布白卡纸样品

2.1.1 防伪工艺原理

防伪涂布白卡纸的生产工艺是将整切分选好的彩色纤维用水分散均匀，将彩色纤维加入芯层的碎浆机，使其分散，然后送入纸机进行抄造，制备芯层均匀分布的、有彩色纤维的涂布白卡纸。通过采用不同种类的彩色纤维，灵活地控制彩色纤维在涂布白卡纸芯层的分布，构成特殊的标记，从而起到防伪的作用。

其生产过程首先要保证彩色纤维能够均匀分布，加入的彩色纤维与各纸层不能互相干扰，对成纸的匀度、浆料的分散效果的要求比原来更高。加入的彩色纤维不能影响涂布的效果，而且需要具有明显的防伪标识。彩色纤维防伪涂布白卡纸的结构如图2-2所示。

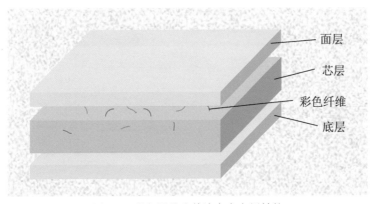

图2-2 彩色纤维防伪涂布白卡纸结构

2.1.2 彩色纤维防伪涂布白卡纸的特点

与传统的涂布白卡纸相比，彩色纤维防伪涂布白卡纸的研究开发实现了传统涂布白卡纸工艺无法达到的防伪效果，且具有较好的后加工性能。这种防伪涂布白卡纸具有的特点如下：

（1）优良的强度和后加工活性；

（2）均一的外观（白度、平滑度、光泽度）；

（3）良好的印刷适性（印刷光泽度高、着墨性好）；

（4）较高的作业适性（不掉粉、油墨干燥速率快）；

（5）适合的纸盒性能（压折、切口、黏附性、挺度）；

（6）具有明显的防伪标识。

彩色纤维防伪涂布白卡纸可用于进口的高速印刷机，除用于胶版印刷外，还可以用于质量要求较高的凹版印刷。

2.1.3 高档涂布防伪白卡纸的产品标准

高档涂布防伪白卡纸产品标准（表2-1）由珠海经济特区红塔仁恒纸业有限公司提出，依据中华人民共和国行业标准QB1011—91《单面涂布白纸板》规定而制定，专用于玉溪卷烟厂防伪香烟盒的制作，由珠海经济特区红塔仁恒纸业有限公司执行。

表2-1 高档涂布防伪白卡纸产品标准

技术指标	单位	规 定
定量	g/m²	220
定量偏差	%	±3.0
横幅定量差	%	≤4.0
厚度	μm	295
厚度偏差	μm	±10
紧度	g/m³	≤0.84
横向挺度Taber15° ≥	mN·m	2.5
表面吸水值（60s）	g/m²	正面（印刷面）：≤40 ；反面：≤60

续表2-1

技术指标	单位	规 定
白度R457	%	正面（印刷面）：① 84.0±2.0，无增白剂； ② 93.0±3.0，有增白剂 反面：81.0±3.0，无增白剂
印刷表面粗糙度(PPS) 10kg.H	μm	≤1.0
光泽度(75°)	%	≥45
尘埃度	个/m²	0.2~1.0mm²不多于20，>1.0mm²不许有
交货水分	%	5.0~8.0
印刷表面强度(中粘油墨)	m/s	≥1.4
印刷光泽度	%	≥85
层间结合强度	J/m²	≥80

注：①用于凹版印刷的产品，可不考核印刷表面强度，挺度指标可降低5%。

②因地区差异较大，可根据具体情况对水分作适当调整。

③纸板在芯层使用红色纤维进行防伪处理而使产品具有防伪功能。彩纤数属保密数据，检验方法及要求应符合订货合同规定。

本标准中增加了粗糙度（PPS）、光泽度、印刷光泽度、防伪彩纤含量指标。施胶度改为表面吸水值。本标准对印刷性能和物理强度指标作了更高的要求。技术指标高于QB1011—91的规定，QB1011—91标准规定的技术指标如表2-2所示。

表2-2 单面涂布白纸板的技术指标（QB1011—91）

指标名称	单位	规定		
		A等	B等	C等
定量	g/m²	200 220 250 270 300		+5% −4%
		350 400 450		+5% −3%

指标名称		单位	规定		
			A等	B等	C等
横幅定量差	不大于	%	6.0	10.0	12.0
紧度	不大于	g/cm³	0.82	0.85	—
平滑度（涂布面）	不低于	s	50	28	18
白度（涂布面）	不低于	%	78.0	78.0	75.0
横向耐折度	不低于	次	10	5	4
表面吸水性	不大于	g/m²	55.0		
横向挺度 200g/m²	不小于	mN·m	2.00	1.70	1.50
220g/m²			2.40	1.90	1.70
250g/m²			3.00	2.30	2.00
300g/m²			4.50	3.80	3.00
350g/m²			7.00	4.50	3.60
400g/m²			9.50	6.30	5.00
450g/m²			13.00	8.00	6.00
印刷光泽度（涂布面）*	不小于	%	60	35	25
印刷表面强度（涂布面）*	不小于	m/s	2.0	1.2	0.8
油墨吸收性（涂布面）		%	15.0～30.0	15.0～30.0	15.0～35.0
尘埃度 0.3～1.5mm²的	不多于	个/m²	20	60	60
其中1.0～1.5mm²黑色的	不多于		1	2	4
大于1.5mm²			不许有		
交货水分		%	8.0±2.0		

注：*暂不作交收试验的依据。

2.2 荧光纤维防伪涂布白卡纸

荧光纤维防伪涂布白卡纸在正常光线下与普通白卡纸相同，在荧光灯下可在白卡纸背面见到两种不同颜色的荧光纤维，该产品主要用作烟包用纸，其成纸的各种性能可满足烟包用纸的要求。为了保证产品的信誉度，除了印刷防伪外还需要在使用的底纸上增加防伪，随着客户对防伪要求的不断增加，荧光纤维防伪涂布白卡纸的市场将会越来越大。

2.2.1 防伪工艺原理

荧光纤维防伪涂布白卡纸在正常光线下与普通白卡纸具有相同的视觉效果，而在荧光灯下可以在荧光防伪白卡纸背面看到一种或两种不同颜色的荧光纤维，正面亦隐约可见（见图2-3）。荧光纤维防伪涂布白卡纸不仅具有防伪功能，同时具有卓越的光学性能和高级的印刷性能。荧光纤维防伪涂布白卡纸的生产工艺较简单，主要是在面纸层、底纸层或者芯纸层中加入个性纤维材料，由于要求在荧光灯下可以在成纸的背面见到荧光纤维，因此优先选择在底层浆料中加入荧光纤维（可以考虑在线加入或者在碎浆机中直接加入），加入荧光纤维的浆料不经过打浆。

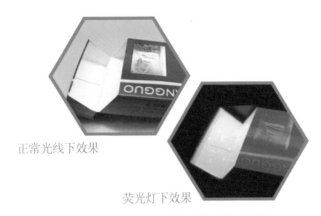

正常光线下效果

荧光灯下效果

图2-3 荧光纤维防伪涂布白卡纸示意图

2.2.2 防伪技术方案

（1）荧光防伪白卡纸的技术工艺可借鉴彩色纤维防伪涂布白卡纸。

（2）荧光纤维在办公用纸中的使用已非常普遍，所以寻找合适的荧光纤维供应商的难度不大。

（3）荧光纤维在白卡纸中的使用性能需在实验室小试，分析荧光纤维的发光性、纤维长短及在浆料中的分散情况。

（4）在流程中寻找合适的加入点，荧光纤维的加入量在实验室所得数据的基础上根据中试情况再进行调整，在中试过程中涉及隔浆、荧光纤维加入点及加入量的调整。

（5）荧光纤维的加入不会影响成纸的最终性能，如挺度、平整性、成盒性及各种印刷性能等。

2.2.3　荧光纤维的选择

选择合适的荧光纤维，考察荧光纤维的发光颜色、发光强度、外形尺寸，以及荧光纤维在水中的分散状况。经过试验及生产证明，红色+蓝色组合搭配的防伪纤维效果最佳。

2.2.4　工艺流程及控制示意图

1. 工艺流程

荧光纤维防伪涂布白卡纸工艺流程图如图2-4所示。

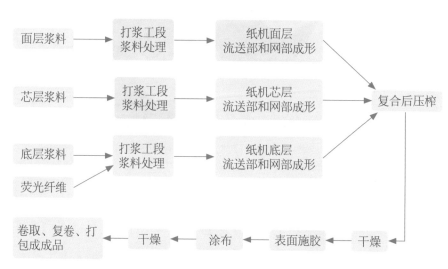

图2-4　荧光纤维防伪涂布白卡纸工艺流程图

2. 工艺控制要点

（1）荧光纤维在加入前必须先用水润湿，在碎浆机加入白水后即按量投入荧光纤维，搅拌分散2min后再投入底浆正常碎浆。

（2）在中试过程中，跟踪荧光纤维的流失情况，检查压力筛、除渣器所排渣浆中的荧光纤维含量。为了减少荧光纤维的流失，应减少压力筛及排渣器的进出口压力差。

（3）为减少试验过程中废品和次品的产生，生产过程中需协调好隔浆、荧光纤维加入量、加入点变更等工艺。

（4）防伪效果：成纸背面在紫外灯下可以见到两种不同颜色的荧光纤维。具体要求为在10cm²内可以见到至少一根红色和一根蓝色的荧光纤维。

2.2.5 SBS荧光纤维防伪涂布白卡纸的特性

（1）纸张视觉效果接近进口SBS纸种，具有很好的层间结合力，模切后加工效果良好，挺度适当，成盒效果好。

（2）尤其适用于转移卡纸的生产，具有良好的柔软性和抗油墨爆裂性能，能充分满足复合金卡纸的特殊要求。

（3）表面平整性好，能充分满足复合加工的高要求。

2.2.6 SBS荧光纤维防伪涂布白卡纸与普通印刷方式仿制荧光防伪纸的区别

（1）用普通印刷方式仿制荧光防伪纸需要在背面印刷两种颜色的荧光油墨，工艺复杂、成本高，且荧光亮度很低，难以达到真品效果。

（2）由于SBS荧光纤维防伪涂布白卡纸的荧光纤维包埋在纸浆中，用针可以挑出，容易与压入纸表面或印刷在纸上的纤维进行区别。

（3）SBS荧光纤维防伪涂布白卡纸的荧光纤维在浆中的分布有深浅层次感。

（4）荧光纤维在SBS荧光纤维防伪涂布白卡纸正面亦隐约可见。

2.3 荧光点防伪涂布白卡纸

荧光材料在防伪技术及防伪产品中的应用比较普遍，如上述的荧光纤维。彩色纤维和荧光纤维防伪已在涂布白卡纸中应用成熟，两种产品能起到很好的防伪效果。在此基础上，又开发出荧光点防伪涂布白卡纸，以满足不同客户、不同市场领域对防伪涂布白卡纸的需求。

2.3.1 荧光点防伪工艺原理

荧光点防伪涂布白卡纸是将荧光点材料用水稀释后直接加入到芯浆或者底浆中，或喷洒在纸层间（面层、芯层之间，芯层、底层之间），经过纸机抄造后形成纸张内部分布有荧光材料的防伪涂布白卡纸，在紫外光照射下可以观察到清晰、明亮艳丽的荧光点。其结构示意见图2-5。

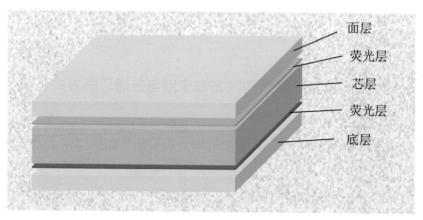

图2-5 荧光点防伪涂布白卡纸结构

2.3.2 荧光点防伪白卡纸的特性

（1）便于识别，借助紫外灯能看到清晰、明亮艳丽的荧光点，该技术效果无法通过印刷技术仿造。

（2）有多种颜色可供选择，在生产时可以使用单色，也可以使用双色和多色。用单色可以分别应用在不同的产品包装上；多色可以用在档次更高的产品上，防伪效果更好。

（3）荧光点材料是一种带低电荷的阴离子，加到纸浆中经过干燥能与纤维很好地结合，不易脱落。

（4）具有很强的耐光性和抗化学剂的性能。

（5）Polystar荧光点材料通过美国FDA和欧洲BFR认证，符合食品包装要求。

（6）工艺技术简单、易行。

2.3.3 生产工艺

荧光点材料可以直接加入到芯浆或者底浆中，也可以喷洒在纸层间（面层、芯层之间，芯层、底层之间）。为了防止荧光点向外飘散，减少人体的过量吸入，首先将荧光点用少量水进行润湿，再按1∶10000的比例进行稀释，搅拌均匀备用。

1. 流程选择

方案一：喷洒加入

荧光点——→润湿——→溶解槽——→存储槽——→泵——→底层网案

方案二：直接加入

荧光点——→润湿——→芯层或底层浆

方案一系统独立、灵活，便于控制，防伪材料需要量少，但需添加设备。方案二投资少，防伪材料需要量大，给生产中的清洗带来一定的麻烦。因此，方案一，喷洒加入，更符合涂布白卡纸生产企业的生产要求。

2. 设备选择

需要添加的喷洒设备比较简单，可以自制，也可以让供应商推荐。

2.4　标识码防伪涂布白卡纸

　　个性标识码防伪涂布白卡纸是将产品标识等通过喷码机喷淋到涂布白卡纸的层间，在纸的背面可隐约看到图案，撕开纸层可以看到完整、清晰的标识。标识码防伪涂布白卡纸有力地保证了正规产品的正常流通销售，保护了消费者的合法权益。标识码防伪涂布白卡纸的出现是防伪产品又一新的突破，可以达到从产品源头防伪的目的，防伪效果直观、明显，广泛应用于香烟、医药和化妆品的防伪包装。

2.4.1　防伪工艺原理

　　如图2-6所示，标识码防伪涂布白卡纸是将产品标识等喷印到白卡纸的层间，喷印的图案层在涂布白卡纸的夹层间（如纸的面层、芯层之间，或芯层、底层之间）或成型后的纸面背面。撕开纸页层可看到在面、芯纸层或底、芯纸层上均有清晰图案，与印刷图案有明显区别，可以达到产品源头防

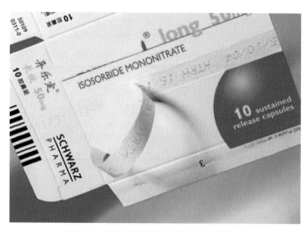

图2-6　标识码防伪涂布白卡纸展示

伪的目的。图2-7为标识码植入包装基材（卡纸）后的剖面示意图。

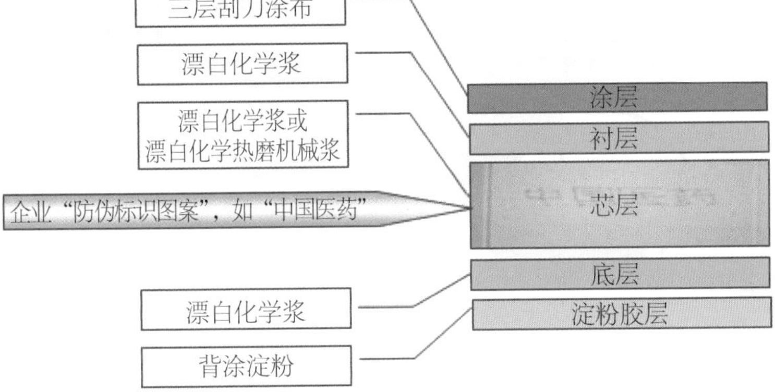

图2-7　标识码植入包装基材（卡纸）后的剖面示意图

2.4.2　标识码防伪涂布白卡纸工艺要点

（1）在成熟、稳定的涂布白卡纸生产工艺中，在纸机网部安装喷码机，控制纸机运行速度，采用预设的喷淋设备以喷淋的方式间歇或连续地喷淋，实现图案的稳定再现。

（2）通过一种特殊的喷淋设备及控制手段，把预先设置的图案喷淋在多层复合结构的层间或成型后的纸面背面。图案可以在面、芯层之间，也可以在芯、底层之间；可以是一层，也可以是多层；图案层可以随意变换颜色，可以是无色或彩色的，也可以是荧光的；图案可以是直线、曲线、公司标志、客户的logo等各种规则的、不规则的图形。

（3）图案层在纸的层间，从纸的背面可隐约看到，撕开纸层可以看到完整、清晰的图案，与印刷的图案有明显区别，增加了伪造难度。图案的选择多样，可满足不同客户的个性需求。产品图案分布均匀，更具个性化，不影响后续加工。

（4）为了保证满足烟包和药包的食品卫生要求，要求喷码机墨水和溶剂能满足食品卫生要求。

2.5　本色纤维防伪涂布白卡纸

本色纤维防伪涂布白卡纸（SBS和FBB）是以纯木浆纤维作为原料的三层纸板，底层浆料中添加一定比例的本色纤维，形成特定的自然纹理，单面或双面涂布上白色涂料，然后再经过压光整饰而制成。市场上所使用的包装基材一般都为普通涂布白卡纸，本色纤维防伪涂布白卡纸从包装的基材着手，提供一种更易于区别的包装用纸。本色纤维防伪涂布白卡纸包括原纸与涂布层，原纸包括依次叠加的面层、芯层和分布有本色纤维的底层，而涂布层涂覆于该面层上。底层分布有本色纤维，易于与普通白卡纸区分识别，而且本色纤维不需化学处理，减少了化学制剂对环境的影响，可有效地降低制浆时COD的排放量。

2.5.1　防伪工艺原理

本色纤维防伪涂布白卡纸（SBS和FBB），通过将环保、独特的本色纤维嵌入纸张中达到防伪效果。纸张背面具有独特的本色纤维纹路，具有高效防伪的功效，如图2-8所示。

（a）本色纤维白卡纸样品外观图　　（b）本色纤维白卡纸样品放大图

图2-8　本色纤维防伪涂布白卡纸

2.5.2 本色纤维防伪涂布白卡纸的特性

（1）专利技术保护，具有唯一性，易于识别，难以仿制。

（2）底层含有部分本色纤维，呈现自然的纹理，本色环保。

（3）不含荧光增白剂，但是看起来比较白。

（4）因不含荧光增白剂和木质素，所以白度稳定性更好，不易返黄。

（5）由于使用了漂白化学浆，因此直面的宏观平整性好，且柔韧性也非常好。

（6）尺寸稳定性好，不容易扭曲和翘曲。

（7）容易模切和压痕。

（8）对于香烟包装而言可以获得良好的成型效果和包装速度。

（9）包含两种系列产品SBS和FBB，SBS产品因其浆料的特性适合做复合和转移加工，FBB产品适合直接印刷加工。

（10）完全满足最新的21项VOCs的要求，具有较高的安全性能。

2.5.3 防伪特点

（1）可以从产品的包装材料上进行源头防伪。

（2）防伪技术直观、明显，不需要专业仪器和专业知识，普通消费者用肉眼就能一目了然地区分出假冒伪劣产品。

（3）可以为企业大大降低产品的防伪技术成本。

（4）由于本色木浆纤维是分布在纸张内部，用针可以挑出，容易与压入纸表面或印刷在纸上的纤维进行区别。

（5）本色纤维不需化学处理，减少了化学制剂对环境的影响。

2.6 其他防伪涂布白卡纸

2.6.1 芯层染色防伪涂布白卡纸

采用造纸常用的染料对芯层浆料进行染色，可选择在芯层打浆工段或纸机流送部将染料定量加入到芯层纸浆中，充分混合。送至同一多层纸机与面层、衬层、底层的不同浆料层一起抄造，从而形成正面为普通高档白卡纸色相、芯层为染色层的，具有多层复合结构的防伪白卡纸，再经过涂布、整饰、复卷、分切等工序，生产出光学性能卓越、印刷适应性强、防伪标志易于识别的芯层染色防伪涂布白卡纸。该白卡纸浆料组成：面层为20%～40%的针叶木漂白化学浆，余为阔叶木漂白化学浆；衬层为50%～85%的化学机械浆，余为损纸；芯层为70%～90%的化学机械浆，余为损纸；底层为10%～30%的针叶木漂白化学浆，余为阔叶木漂白化学浆。染料量为芯层浆料重量的0.01%～0.02%。使用造纸常规染料，成本仅为使用彩色纤维或荧光材料的20%～30%，且不需要增加工序和设备，其流程图见图2-9。

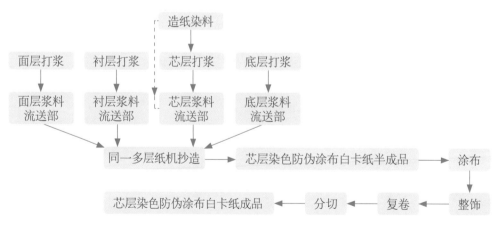

图2-9 芯层染色防伪涂布白卡纸的工艺流程

2.6.2 热敏变色防伪涂布白卡纸

在层间喷淋淀粉中添加一定比例的热敏变色粉或者在预涂层及芯涂层的涂料中加入一定量的热敏变色粉，利用热敏变色粉在温度变化到一定值时会发生色变的特性进行纸品的真假识别。

这种热敏变色防伪涂布白卡纸，包括原纸与涂布层。原纸包括依次叠加的面层、芯层及底层，在面层、芯层之间及芯层、底层之间喷淋淀粉，其中至少一层间的喷淋淀粉含有质量分数为0.02%～0.1%的热敏变色粉，或预涂层及芯涂层的涂料至少其中之一包括重量百分比为0.02%～0.1%的热敏变色粉。其工艺流程见图2-10和图2-11。

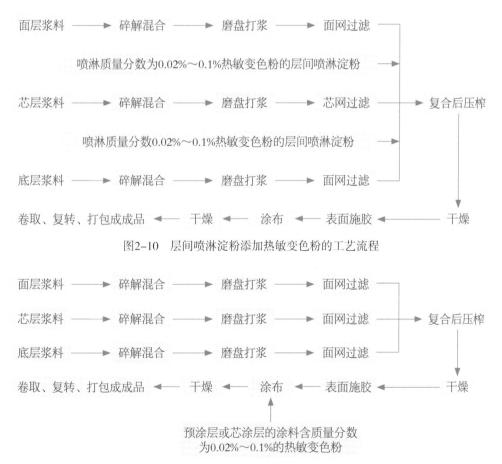

图2-10　层间喷淋淀粉添加热敏变色粉的工艺流程

图2-11　预涂层或芯涂层涂料添加热敏变色粉的工艺流程

2.6.3　添加珠光颜料防伪涂布白卡纸

将化学预处理后的珠光颜料添加到涂布涂料、表面施胶剂或底层浆中，借助涂布操作、表面施胶操作或抄造过程，使涂布白卡纸底面构成珠光颜料防伪标记。

珠光颜料防伪涂布白卡纸底面均匀分布可见的珠光颜料。根据不同系列珠光颜料，呈现各色星星点点的珠光视觉效果，构成防伪标记。防伪标记明显、美观，起到涂布白卡纸的防伪作用。其制备主要是借助生产流程中已有的涂布装置、表面施胶装置或抄造装置，成本低廉。通过对珠光颜料预处理，解决了珠光颜料留着率低、分布不匀及结合力差等技术质量问题。所用的珠光颜料符合卫生标准要求，粒径为5～2000 μm，用量为0.0001～0.2g/m²（珠光颜料质量对纸品面积的比例）。

2.6.4　在淀粉层中添加红外防伪物质的涂布白卡纸

在层间喷淋的淀粉中添加一定比例的红外防伪物质，这些防伪物质在日光下显白色或者无色，而在红外线下呈特定的颜色，使防伪涂布白卡纸具备防伪功能的同时不影响白卡纸的外观及其印刷性能，并且具有较高的隐秘性。另外，通过在淀粉层或涂布层中添加红外防伪物质，可避免其影响白卡纸其他性能，同时淀粉层还可增加底纸层、芯纸层与面纸层之间的结合强度。这种防伪白卡纸，包括依次叠加的底纸层、芯纸层、面纸层与第一涂布层。底纸层与芯纸层之间设有第一淀粉层；芯纸层与面纸层之间设有第二淀粉层；第一淀粉层、第二淀粉层与第一涂布层中至少一层含有红外防伪物质。所用的红外防伪物质为包含稀土元素的无机物，淀粉层的定量为0.5～4g/m²。

2.6.5　含染色木浆纤维的防伪涂布白卡纸

先用染料将木浆纤维染色，然后在涂布白卡纸的芯层和（或）底层的浆料内添加染色木浆纤维制备防伪涂布白卡纸，染色纤维易于识别。与普通染色纤维相比，本染色木浆纤维制备流程简单、价格便宜、环保性能好，且保持了原纤维的特性，柔软可塑。所得到的涂布白卡纸在纸品强度、印刷适性、柔韧性能方面都保持了原高档涂布白卡纸的较优水平。这种防伪涂布白卡纸，包括依次叠加的面层、芯层和底层，芯层和（或）底层包含染色木浆纤维，且染色木浆纤维在芯层和（或）底层的浆料中的质量分数是0.7%～0.9%。图2-12为染色木浆纤维的制备流程。图2-13为含染色木浆纤维的防伪涂布白卡纸的工艺流程。

图2-12　染色木浆纤维的制备流程

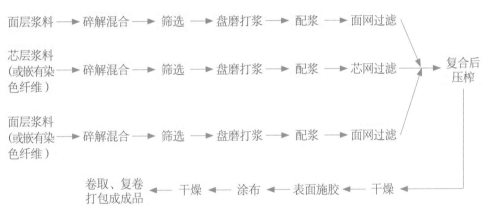

图2-13　含染色木浆纤维的防伪涂布白卡纸的工艺流程

2.6.6　热变防伪涂布白卡纸

原纸的正面或反面至少有一种添加了热变涂料，其质量分数为1%～10%。该白卡纸随着温度的增加会改变颜色，温度恢复正常时又变回原颜色，且热变纤维嵌于浆层内，不易被造假者通过简单的复印、打印仿制，具有较强的独特性，易于识别，防伪效果好。表2-3和表2-4为两种规格（A，B）的热变防伪涂布白卡纸和一般涂布白卡纸的性能对比。图2-14和图2-15是热变防伪涂布白卡纸的工艺流程。

表2-3　热变防伪涂布白卡纸（A）和一般涂布白卡纸的性能对比

物理指标	单位	一般涂布白卡纸	热变防伪涂布白卡纸
定量	g/m^2	225	225
厚度	μm	295	297
层间结合力	J/m^2	138	165
印刷光泽度	%	85	88
印刷表面强度（中粘）	m/s	1.45	1.46
防伪性能		无	正面具有防伪功能（升温时红色变无色）

表2-4　热变防伪涂布白卡纸（B）和一般涂布白卡纸的性能对比

物理指标	单位	一般涂布白卡纸	热变防伪涂布白卡纸
定量	g/m^2	280	280
厚度	μm	391	392
层间结合力	J/m^2	150	150
印刷光泽度	%	88	90
印刷表面强度（中粘）	m/s	1.45	1.48
防伪性能		无	芯涂层具有防伪功能（紫色涂层受热变红色）

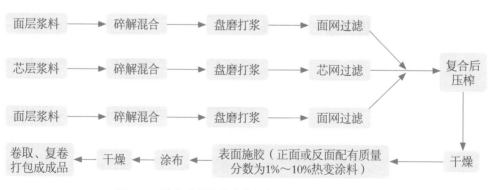

图2-14　热变防伪涂布白卡纸的工艺流程（方案1）

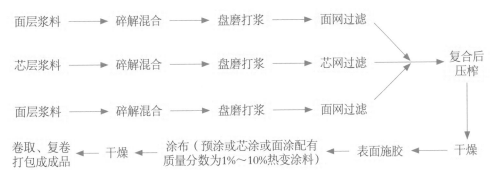

面层浆料 → 碎解混合 → 盘磨打浆 → 面网过滤 ↘
芯层浆料 → 碎解混合 → 盘磨打浆 → 芯网过滤 → 复合后压榨
面层浆料 → 碎解混合 → 盘磨打浆 → 面网过滤 ↗

卷取、复卷打包成成品 ← 干燥 ← 涂布（预涂或芯涂或面涂配有质量分数为1%～10%热变涂料）← 表面施胶 ← 干燥

图2-15　热变防伪涂布白卡纸的工艺流程（方案2）

2.6.7　带防伪颜色涂层的涂布白卡纸

带防伪颜色涂层的涂布白卡纸在涂布的过程中使用刮棒，刮棒上设有沟纹结构。涂料中加有颜料，将有颜料的一面用刮棒进行涂布，使白卡纸涂布层既具有防伪纹理又具有防伪颜色，即具有双重防伪结构。该白卡纸的防伪效果更好且不易模仿，成本低，操作简单。如果涂料使用无毒无害的材料，还可以用来包装食品、药品，应用范围广。这种防伪涂布白卡纸主要解决普通白卡纸防伪成本高、工艺复杂的问题。白卡纸原纸设有水性防伪颜色涂布层，颜色涂布层设有纹理，原纸设有至少三层结构，分别为面层、芯层、底层。颜料的加入量为涂料固形物的1%。图2-16为其结构示意图。

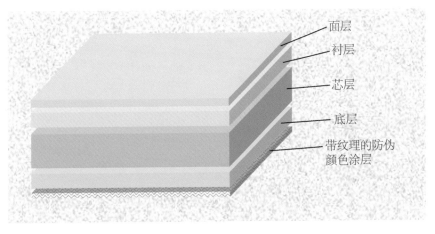

面层
衬层
芯层
底层
带纹理的防伪颜色涂层

图2-16　带防伪颜色涂层的涂布白卡纸的结构示意图

2.6.8　带水印的防伪涂布白卡纸

防伪烟卡包装纸涉及一种带水印的防伪涂布白卡纸，可用以直观地鉴别真伪。制备该防伪涂布白卡纸是在白卡纸抄造过程中，利用水印辊在纸浆层网部成型时施以水印或在压榨部压上水印，水印可以是任意文字或图案，从背面可以直接看到明显水印，从而起到防伪作用。带水印的防伪涂布白卡纸结构如图2-17所示。

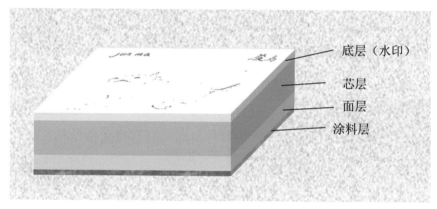

图2-17　带水印的防伪涂布白卡纸结构示意图

第3章 防伪涂布白卡纸的抄造工艺

3.1 涂布白卡纸原料选择

3.1.1 纤维原料

涂布白卡纸生产所用的纤维原料主要包括机械磨木浆、化学热磨机械浆、漂白化学热磨机械浆、漂白硫酸盐针叶木浆、漂白硫酸盐阔叶木浆等。

（1）热磨机械浆（TMP），是利用机械方法磨解纤维原料制成的纸浆。它在造纸工业中占有重要的地位。它的生产成本低，生产过程简单，成纸的吸墨性强，不透明度高，纸张软而平滑。符合印刷上的要求。但由于纤维短，非纤维素组分含量高，所以成纸强度低。另外由于木材中的木素和其他非纤维素绝大部分未被除去，用其生产的纸张易变黄发脆，不能长期保存。

（2）化学热磨机械浆（CTMP），木片在磨浆前先经化学处理，其目的是在尽可能保留木材成分不变的基础上软化木材，使纤维变得柔软，提高纤维间的结合力。化学热磨机械浆长纤维组分多，纤维束少，具有较好的柔韧性，可以改善纸张抗张强度和撕裂强度，能满足纸板所需的弯曲挺度、剥离强度及印刷性能。

（3）漂白化学热磨机械浆（BCTMP），它是用温和的化学品浸渍，经精磨、漂白制得的一种高得率木浆。针叶浆白度可达80%，阔叶浆白度约85%。

（4）漂白硫酸盐针叶木浆（NBKP），以针叶木为原料，采用硫酸盐法蒸煮、漂白后制得的一种化学纸浆，在商品纸浆中应用最为广泛。漂白硫酸盐针叶木浆纤维强度高，用它几乎可以生产所有的纸种（特殊品种例外）。

（5）漂白硫酸盐阔叶木浆（LBKP）也是用硫酸盐法生产的，只是采用的原料是阔叶木。它可以单独使用，或与漂白硫酸盐针叶木浆配抄制得各种高级印刷纸等。

涂布白卡纸纤维原料的选择主要包括面浆、芯浆和底浆中纤维种类和各纤维配比的确定。芯浆一般采用TMP和CTMP或BCTMP。芯浆中加入TMP有利于提高涂布白卡纸的松厚度，从而提高压光机的工作效率，使平滑度数值提高。随着松厚度的提高，涂布白卡纸的挺度也会随之而增强。

底浆一般采用LBKP或竹浆、中长纤维等浆种或其混合浆，并配入一定比例的NBKP，以提高纸张的挺度和强度。NBKP配入比例一般为30%～40%。

面浆的选择跟纸张的质量要求有紧密的关系，一般采用LBKP配入少量NBKP，NBKP配入比例一般为10%～20%。此外，可以在不影响质量的情况下配入一定比例的其他细短纤维浆种，降低生产成本。

3.1.2 化工原料

涂布白卡纸生产所用化工原料包括辅料、涂料以及其他功能性的化学品，如松香、硫酸铝、淀粉、胶乳、瓷土、碳酸钙、助留剂、消泡剂、杀菌剂等，它们在改善产品的质量、性能和生产操作方面发挥着重要的作用，可视所生产的产品档次、生产环境及其他一些具体情况选用进口的或国产的化工产品。

1. 施胶剂

施胶一般有两种方法：一种是表面施胶，通过施胶机或涂布机将施胶剂涂于纸张表面。另一种方法是浆内施胶，将施胶剂添加到湿部浆料中，在纸页成形及干燥过程中达到施胶目的。

浆内施胶的目的：改进纸张对液体（主要是水）渗透的抵抗能力，以便尽量减少纸在加工过程中（如表面施胶和涂布）对液体的吸收，或赋予成品纸憎水性。目前最常用的浆内施胶剂是松香类、烷基二烯酮二聚体（AKD）和烯基琥珀酸酐（ASA）。

表面施胶的目的：使纸页具有抵抗液体渗透的能力，给予纸页更好的表面性能和改善某些物理特性，如表面强度和内部结合强度。常见的表面施胶剂主要包括改性淀粉、聚乙烯醇、羧甲基纤维素、胶乳、合成表面施胶剂等。

2. 助留助滤剂

纸料中的纤维及细小组分的过滤主要是通过机械截留的方式，但长期运行使白水中的细小组分循环累积，严重影响纸料在网部的脱水速度。为了尽量降低细小组分在湿部的累积并增加纤维成形的滤水通道，加快脱水速度，提高纸机车速需要添加助留助滤剂。

常用的助留助滤剂一般有酰胺类高聚物、聚胺类化合物、聚亚胺类化合物以及天然高分子化合物等，其中聚丙烯酰胺（PAM）和改性淀粉是用量最大的产品。

3. 消泡剂

在造纸过程中，浆液中含有大量容易起泡的表面活性成分，在湿部系统中由于其他化学品的添加以及白水的循环使用，不可避免地出现大量泡沫，影响成形、脱水，甚至造成浆泵无法运转，定量水分的波动，进而影响产品的质量。因此，为了正常生产必须使用消泡剂。

目前国内外造纸业主要使用脂肪酸酰胺、聚醚、有机硅三类通用性强、效率高、配性好、市场潜力大的广谱型消泡剂。有机硅消泡剂作为一种新型的助剂在造纸行业中已经引起普遍重视。

4. 杀菌剂

造纸是一个无间断连续生产的流程，由于白水系统的密闭循环、系统的温度利于细菌的滋生等，浆料中容易产生沉积物，这些沉积物有利于细菌、霉菌的繁殖。如果不添加杀菌剂进行控制，产品本身达不到食品安全的要求，另外也容易产生纸洞等纸病。因此在制浆造纸过程中要加入少量高效、广谱、低毒的杀菌剂以有效地杀灭和抑制微生物。

常用的杀菌剂有有机金属化合物、氯酚衍生物、氧化剂和还原剂以及非氧化型杀菌剂。前两种因有一定的毒性，已被禁止和限制使用。氧化性杀菌剂、防腐剂依靠本身的氧化能力起到杀菌作用，非氧化性杀菌剂的作用机理是增加细胞膜的渗透，切断细胞营养物质的供应，破坏细胞内部的新陈代谢。非氧化型杀菌剂仅对某些微生物起作用，因此在生产中通常要隔一段时间调整杀菌剂的种类和用量，或者几种杀菌剂交替使用，这样才能有效控制细菌的繁殖。

5. 造纸填料

造纸填料是指加入纸浆内的一些基本不溶于水的固体微粒。加入的目的是为了改善纸张的不透明度、亮度、平滑度、印刷适应性（如提高吸收性、吸墨性）、柔软性、均匀性和尺寸稳定性。还可以使纸张具有好的手感，降低其吸湿性，减少纤维用量。加入填料的纸浆易脱水、易干燥，可减少能源消耗，降低造纸成本。缺点是纸张的施胶度、挺度和强度都会下降，此外加填料纸张容易掉粉、掉毛。这些缺点可通过添加增强剂和表面施胶得到弥补。

常用的造纸填料包括滑石粉、瓷土、碳酸钙、二氧化钛、煅烧瓷土等。

6. 涂料颜料

颜料是涂料中用量最多的组分，用量为涂料的80%～90%（质量分数），也是影响涂布性能的最重要因素，对纸张光泽度、不透明度、白度、透气度、吸墨性能影响较大。目前常见的造纸涂布颜料主要有高岭土、重质碳酸钙（GCC）、煅烧高岭土等。颜料的选择需考虑多方面指标性能，生产中需要有效地利用各颜料的特长，从而满足产品白度、光泽度、不透明度和吸墨性的要求。

瓷土与GCC是涂料配方中常见固定的标准成分，碳酸钙用于预涂填充纸面，瓷土用于面涂以提供良好的光泽。但是随着涂布纸品质要求的不断提高，对特殊颜料（例如轻质碳酸钙、煅烧瓷土、塑性颜料等）的研究应用已成为重点。由于特殊颜料具有良好的遮盖性、可塑性、油墨吸收性、高光泽与平整性等，弥补了瓷土和GCC许多的不足之处，因而越来越受青睐。但是特殊颜料价格昂贵、来源有限，一般只是配合瓷土和GCC使用，添加范围在5%～25%以内。

7. 胶黏剂

涂料的胶黏剂通常由胶黏剂混合体（最常见的为两个）所组成。涂料中胶黏剂的用量为绝干颜料用量的5%～20%（质量分数）。胶黏剂加入到涂料中是为了将颜料粒子黏结到原纸上，使颜料粒子互相黏结，部分地填满颜料粒子之间的空隙，覆盖微孔结构，从而影响涂料的黏度和保水性。

胶黏剂体系中一般由两种胶黏剂混合组成，其中（主）胶黏剂起到黏结功能，共黏剂一般影响涂料的流变性和保水性。胶黏剂可根据其在水中的溶解度分为两类：不溶于水的胶黏剂，如苯乙烯-丁二烯胶乳、苯乙烯丙烯酸酯胶乳、聚乙烯酸酯胶乳；可溶于水的胶黏剂，如淀粉、蛋白质、纤维素衍生物、羧甲基纤维素、聚乙烯醇等。

8. 涂料添加剂

涂料中除了颜料和胶黏剂外，一般还含有各种起到不同作用的添加剂。这些添加剂的作用有协助颜料分散、调节pH、润滑等。常见的涂料添加剂有分散剂、pH控制剂、消泡抑泡剂、润滑剂、抗水剂、杀菌剂等。

分散剂是一种分子同时具有亲油性和亲水性两种相反性质基团的界面活性剂。可均匀地分散那些难以溶解于液体的无机、有机颜料中的固体颗粒，同时也能防止固体颗粒沉降和凝聚，形成安定悬浮液。分散剂在颜料分散过程开始甚至在加入颜料前即加入到水中。分散剂一般分为无机分散剂和有机分散剂。常用的无机分散剂有硅酸盐类和碱金属磷酸盐类，有机分散剂包括三乙基己基磷酸、十二烷基硫酸钠、甲基戊醇、纤维素衍生物、聚丙烯酰胺、古尔胶、脂肪酸聚乙二醇酯等。

抗水剂是一种重要的造纸助剂，它能减少颜料、胶黏剂干燥成膜后的水溶性，提高涂布纸的抗湿摩擦和拉毛强度，改善涂布纸的印刷适性，减少掉毛、掉粉等现象。抗水剂的加入量非常重要，用量过大会造成开裂问题，甚至增加水溶性涂料组分的溶解度。抗水剂应该是加入涂料中的最后一个组分。目前常用抗水剂主要包括氨基树脂类、金属盐类和聚酰胺环氧树脂类，以及对它们改性后得到的产品。

润滑剂在涂料中起到很多作用，它们可以减少刮刀与涂料之间的摩擦以及原纸与刮刀之间的摩擦，改善涂料的运行性能，降低涂布刮伤，提高刮刀的使用寿命。润滑剂也可以阻止可溶性胶黏剂的破裂（掉粉）从而增强压光机中干涂层的塑性变形，同时改进光泽度。压光时，润滑剂从热压光辊上的涂层中迁移出来，并在辊上形成一个薄层，从而阻止涂料黏附到辊上造成粘辊等现象。最常见的润滑剂是硬脂酸钙，此外蜡乳液、大豆卵磷脂等也可作为润滑剂使用。

消泡抑泡剂在涂料制备及涂料循环过程中起到重要作用。在涂布过程中，气泡夹带的空气可引起生产问题和降低成纸质量，而空气主要是在涂料制备过程或涂布循环过程中混入，这类空气多数分散成很小的气泡，由于涂料的高黏度，这些气泡往往很难自然消除。为了防止涂料中的气泡对涂布过程和纸面物性造成影响，首先要让涂料系统建立在一个起泡可能最小化的平台上，其次在涂料组分中加入消泡抑泡剂，对起泡进行控制。常见的消泡抑泡剂有碳氢化合物、脂肪酸、酯或蜡混合物。

杀菌剂在颜料分散和已经完成的涂布涂料中使用，用来抑制细菌的滋生。在蛋白质和淀粉中，甚至一些条件下在胶乳中也会滋生微生物。这会导致涂料产生腐败味道，使涂料的一些性能受到破坏。因此，在实际生产中需要加入杀菌剂。

3.2　涂布白卡纸生产工艺流程

本部分以三长网抄造涂布白卡纸为例，分述其抄造工艺及流程。

3.2.1　打浆工艺及流程

以漂白硫酸盐阔叶木浆（LBKP）、漂白硫酸盐针叶木浆（NBKP）、漂白化学热磨机械浆（BCTMP）为涂布白卡纸抄造的主要纤维原料，面层、芯层、底层浆料的纤维种类及配比如下所示。

面层浆料：LBKP 50%～95%，NBKP 5%～50%；

芯层浆料：BCTMP 60%～75%，损纸25%～40%；

底层浆料：LBKP 50%～95%，NBKP 5%～50%。

为了提高涂布白卡纸在涂布前原纸的平滑度，保证涂布白卡纸的挺度和松厚度，分别对涂布白卡纸面层浆料、芯层浆料、底层浆料的打浆度及湿重进行控制，具体参数如下：

面层浆料：叩解度28～42°SR，湿重0.8～2.5g；

芯层浆料：叩解度18～35°SR，湿重1～1.2g；

底层浆料：叩解度28～44°SR，湿重1.0～4.0g。

涂布白卡纸面层、芯层、底层浆料打浆流程如下。

（1）面层打浆流程如图3-1所示。

图3-1　面层打浆流程图

（2）芯层打浆流程如图3-2所示。

图3-2　芯层打浆流程图

（3）底层打浆流程如图3-3所示。

图3-3　底层打浆流程图

（4）损纸系统打浆流程如图3-4所示。

图3-4　损纸系统打浆流程图

3.2.2　抄造工艺及流程

经过碎解、打浆、配浆等制备流程后，浆料经由管道输送至纸机进行抄造。涂布白卡纸一般采用三层长网抄造，面层、芯层、底层浆料分别通过流浆箱流送到网部，经脱水、压榨、干燥后，进入施胶工段，通过表面施胶机，均匀地在纸面涂上胶料，从而赋予纸张一定的平滑度、表面强度、抗水性能等表面性能，接着背涂淀粉、涂布、干燥后压光。涂布可以改善纸张的色相、白度、吸水性、光泽度、油墨吸收性、平滑度、表面强度、粗糙度等，提高纸张印刷适性，涂布方式主要包括气刀涂布、刮刀涂布、计量棒涂布三种方式，此外，近年来应用较广的先进涂布技术还包括自由喷射刮刀涂布、膜式涂布、帘式涂布等。

涂布白卡纸的抄造流程如下。

（1）面层抄造流程如图3-5所示。

图3-5　面层抄造流程图

（2）芯层抄造流程如图3-6所示。

图3-6　芯层抄造流程图

（3）底层抄造流程如图3-7所示。

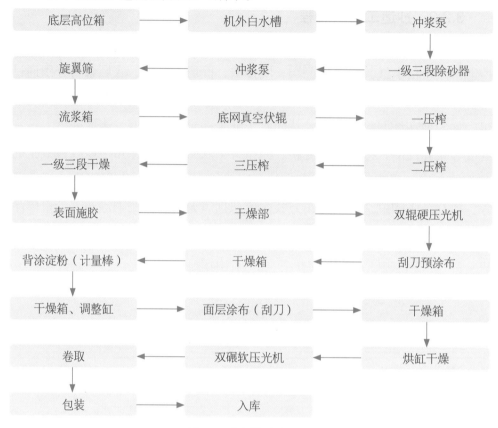

图3-7　底层抄造流程图

3.2.3　抄造常见问题及解决办法

纸病的定义范围很广泛，任何对纸张使用不利的缺陷都可以叫作纸病。我们通常说的纸病实际是指纸张的外观纸病，不包括达不到纸张质量技术要求的物理指标而产生的性能缺陷。

涂布白卡纸生产是一个连续的、复杂的过程，任何一个环节控制不好都会对后面工序产生影响，引起这样或都那样的纸病，影响涂布白卡纸的整体质量。下面对涂布白卡纸常见纸病的产生原因和处理方法进行探讨。

1. 尘埃

尘埃是指纸张中混入表面可见或者透光可见的杂质。解决办法是根据尘埃分布的情况对尘埃杂质进行分析和排查。

（1）原料性尘埃，指浆料和辅料及各种助剂原料中带来的尘埃。检查各原料有无变质或者在贮运过程中是否受到污染，过滤系统有无类似纸病的杂质以及原料使用批次的变化情况。

（2）系统性尘埃，指正常生产过程中，因系统波动、设备故障等异常情况所引起的尘埃。检查系统杀菌剂的使用情况，浆池内壁或纸机网部机架上有无细菌滋生；设备老化或者磨损情况，主要指胶辊是否有暴胶和磨损，跳筛胶垫是否老化破损，螺杆泵套筒和各种泵填料函磨损情况以及涂布风箱、热风箱是否生锈或气罩是否滴水等。

（3）外来性尘埃，指牛皮纸芯、胶带、塑料片等外来杂物混入损纸系统造成的芯层尘埃。检查损纸系统。

2. 透明点

透明点是指浆内气泡等因素造成的纤维局部分布不匀的现象，透光可观察到纸样中的不规则透光点。造成原因及处理办法：

（1）浆内气泡：由湿部化学品引起的气泡。浆内气泡在流程中会不断汇聚形成较大气泡，气泡随浆料上网后形成随机分布的透明点。根据流送部槽罐内和流浆箱内气泡增多的异常情况，检查消泡剂是否正常加入，冲浆泵、除渣器等处的排气管口是否畅通。检查浆池液位，避免液位过低，浆料溅落或搅拌时引发更多的气泡。

（2）喷淋淀粉：喷淋淀粉雾化不好或压力过大，使得淀粉液喷射到湿纸页上，形成的细小密集的透明点。检查喷淋淀粉质量是否正常，检查喷淋淀粉过滤器及喷嘴是否畅通，以及压力是否正常，根据需要进行调整。

（3）网部冲边水：网部冲边水过大容易引起溅水，在成型的湿纸页上造成透明点。调整冲边水的压力及软管朝向。

（4）胸辊喷水：网部各胸辊喷水压力应控制好，只要能将唇板下积浆冲干净即可，避免因喷水过大形成气泡。

3. 纸面匀度不好

白卡纸表面匀度不好可分为面层浆料本身分布不均匀和芯、底层浆料分布不匀。一般来说有三大影响因素：一是浆料自身絮聚，二是纸机操作不当，三是成形脱水不均匀。

（1）从浆料来看：湿部化学药品的添加，尤其是湿、干强助剂的添加，浆料的Zeta电位、pH值，纤维原料的配比，浆料打浆状况，浆料（面浆）加填状况、上网浓度，各层芯层水线的长短等因素均会影响到浆料的絮聚。

（2）检查上网操作是否正常：浆网速比是否合适，网前筛的脉冲、多支管布浆器回流浆量是否合适，匀浆辊、堰板辊转速是否正常，MB网压入深度是否合适等。

（3）从浆料脱水查找问题：成形网、毛毯的清洁状况，各道高压喷淋水是否正常，真空脱水箱面板、真空管路是否堵塞，真空盲孔脱水辊的排水情况等。

（4）涂料遮盖性能下降以及白卡纸表面色调偏蓝时，更容易显示出匀度不好。

4. 打折

打折是指纸面可见的皱折和纸面不可见的内层皱折。打折大致可分为活折和死折，死折是纸页已经出现了重叠，活折是纸页出现了斜的凸条。折子的出现原因很多，但只要不是设备原因造成的，一般都与原纸有很大的关系，所以保持原纸横幅的水分均匀和定量均匀很重要。

纸机上几处易打折的地方及其产生打折的原因分析：

（1）网部出现打折。网部出现打折的主要原因是纸页和网部剥离得不好，包括纸面复合时和出网部时的纸网剥离，与剥离角度、纸页水分、成形网洁净程度等因素有关。网部与压榨部的速差偏小时，特别容易在真空引纸辊处出现打折。

（2）三压和光压前出现的打折。该处打折主要有两点原因：一是纸机车速与压榨速度之间的速差小，不能将纸幅展平；二是压区出现了偏压或中高不匹配，导致纸幅的两边受力不均；另外进入压区的纸幅的干度不均一，也会造成纸幅局部的松弛而出现打折。此处出现的打折是死折，严重时会造成断纸。

（3）表面施胶前后出现的打折。表面施胶后易打折的主要原因是操作侧与传动侧压力不平衡、压力差大、表面施胶辊中高不合适、施胶辊或者计量棒磨损严重、表面施胶后的弧形辊位置调节不合适等。施胶前出现打折一般要注意以下的几点：进施胶机纸幅的水分是否过小；横幅上的定量和厚度是否均匀；施胶辊的压力和偏压是否合适；施胶机的速差是否合适。

（4）烘缸内出现的打折。烘缸内出现打折的主要原因：一是上、下烘缸通气量差异过大造成烘缸尺寸的差异过大，通过一定量的累积会出现纸页松弛或打折的现象；二是烘缸之间的速差不合理或偏大；三是生产偏薄的纸时，原纸的水分、厚度或定量不均匀。

（5）涂布头热风箱出口处的打折。防止此类打折应注意以下几点：一是纸幅水分定量等的均匀性；二是出热风箱后导辊的速差，张力设定；三是弧形辊的调节位置；四是导辊粘料量的不同导致的辊径差异。

（6）卷取处的打折。此类打折的主要原因：一是厚度差过大，累积到一定程度后会出现活折；二是软压光偏压严重造成纸页两边的张力偏差；三是卷取前的弧形辊调节不当；四是加压臂两侧压力不均一。

5. 分层

分层也叫离层，是指多层复合而成的白卡纸层与层之间结合不牢，在下机或者印刷、模切后加工时出现层与层之间分离的现象。原因是压榨部或干燥部纸页内空气排出不畅而使纸页分层鼓泡。解决措施有：

（1）改变芯层浆料的配比，多增加些长纤维浆以增加芯层的结合强度。

（2）出现起泡的原因一般是纸页的封闭性好，造成内部水分脱除困难。应减小面、底层定量，减少细小纤维含量，降低打浆度等。

（3）网子或毛布脏，使纸页局部位置脱水差，形成局部位置水分高，在干燥时容易形成鼓泡。应保持网子和毛布清洁。

（4）纸页出网部或压榨部时水分太高。应调整网部和压榨部的真空箱、真空辊的工作状况，降低纸页水分。

（5）减小纸页复合时各层纸的水分差，提高喷淋淀粉质量，增大层间复合牢度。

（6）进入烘缸的水分过大或者烘缸局部特别是烘缸前段升温过快，造成水蒸气不能很快排出也可造成起泡。应根据实际情况调整烘缸干燥曲线。

6. 凹凸条

凹凸条是指纸页中定量分布不均匀造成纸页在经过硬压光机后形成明暗不均的纵向条痕。造成凹凸条的主要原因如下：

（1）成形网局部位置脱水不好，造成横幅上的脱水不均匀，引起横幅上的定量不均。主要有成形网打折，脱水元件磨损或变形，成形网下案板上有积浆等原因。

（2）流浆箱喷出的浆料横幅不均，主要原因有流浆箱唇板有结垢，造成局部位置浆料少；唇板微调没调好。

（3）表面施胶辊或者计量棒磨损，胶料中有杂质造成计量棒堵塞等，造成纸页横幅上胶料不均匀。

7. 孔洞

孔洞是指纸页表面局部穿透或接近穿透的纸病。纸上孔洞的产生大都与湿部的缺陷有关，具体原因如下：

（1）系统里面有腐浆，因其没有强度，在压榨部高压力下就会压溃形成洞眼。

（2）网或毛布脏，造成局部位置脱水出现问题，产生压溃现象。较轻的压溃不会形成洞眼，但是大的压溃就会造成洞眼。

（3）唇板下面的积浆、网边上的积浆、光泽压榨和烘缸刮刀的纸毛，掉到纸上后经过硬压光，产生纸洞。

（4）系统的沉积物、外来的硬质异物等经过硬压光后会造成洞眼。

（5）成形网、干网的破损也可能造成洞眼。

8. 毛布痕、网印

毛布痕、网印是指由于成形网或压榨毛布表面较粗，而在成纸表面上留下的网纹或毛布纹，或纸面上有黑色或黄色的干网印迹，一般有螺旋状痕迹。出现毛布痕和网印的主要原因如下：

（1）毛布掉毛，使其基网露出与纸面接触。

（2）成形网或毛布设计不当，芯层网和顶网的网线太粗。

（3）干网的张力太大（特别在烘缸前部纸页水分还很大的时候），或者纸页进入烘缸的水分偏大。

（4）汽罩内有水滴到干网上，干网跟纸页接触时形成黑色或黄色的干网印。

9. 锈斑

锈斑是指由于纸面粘上锈迹、锈水而产生的暗红色斑点。一般出现在刚停机或刚开机时，由于纸机烘缸表面上的铁锈被带到纸面上形成。出现锈斑的主要原因如下：

（1）纸机的一烘温度偏低，在冬季时容易结露，烘缸表面容易生锈。

（2）纸机的冷烘因为通冷水，冷水流量控制不当也容易导致缸面生锈。

10. 油斑

油斑是指纸面上的油迹，多为黑色或者浅黄色。纸面上的油迹一般为润滑油或润滑脂，主要是辊子轴承加油太多，造成运行时甩油、漏油，或者油管漏滴落到纸页上形成。

11. 刮刀痕

刮刀痕是指由涂布造成的沿成纸纵向的条痕，是涂布纸的一种常见纸病。刮刀痕的出现会严重影响涂布纸的使用。一般来说刮刀痕与下列因素有关：

（1）涂布头的操作状态，要保证一定的涂料回流比例，合适的刮刀角度、压力加载。足够涂料量的冲刷能够减少刮刀积料的可能性，减少刮刀痕的出现。

（2）涂布表面的结合强度、施胶度。好的涂布纸需要有好的涂布表面，如果原纸表面结合强度较低，那么刮刀口刮下的纤维有时会造成刮刀痕，但是涂布表面过于光滑也会造成刮刀痕。

（3）涂料的性质。涂料是颜料、胶乳和其他助剂的混合体，因此需要注意涂料的黏度、固含量、温度等参数。有时纸页的吸收会造成固含量的增加，或者加水过多造成黏度的下降，这样都会造成刮刀痕的出现。所以降低原纸的温度，提高原纸水分都有利于涂布表面性能的改善。

（4）供料系统。供料系统应定时清洗，避免杂物掉入系统（纸边、涂料块等），定期检查滤网和盘根。

12. 带料

带料是指纸面局部无光泽、纸面凹下，斑点边缘不整齐、不规则的纸病。带料是一种常见的纸病，产生带料的原因很多，下面是几个典型的原因：

（1）涂料不干造成的带料。主要是涂布纸面上的涂料还未足够干燥时，与它正面接触的辊子把一部分涂料粘下来。涂布量过大和干燥能力相对不足或涂料固含量太小都会造成带料。比如涂布导辊、软压光辊都会形成带料，在某些特殊情况下可以采取降低车速的办法来提高干燥能力。

（2）打折（死折）造成带料。打折会造成纸面的重叠，通过涂布后会出现局部的上料过多，通过压光机时会有带料。此原因造成的带料成斜的条状，因为打折一般出现在纸幅的边上，所以这种带料也出现在纸边上。

（3）水针溅浆造成的带料。水针发散或者压力角度不好会出现溅浆从而造成带料。表现为带料比较小、连续，位置在接近纸边处，拉大纸样时能在上面看到多出来的浆料。

（4）硬压光带料造成的软压光带料。硬压光带料后在纸面会压出小坑，通过涂布后在小坑里涂料较多而且不干所以在通过软压光的时候造成粘料。表现为带料位置固定，表面凹陷，透光可看到黑色压痕，有周期性。

（5）表面破损造成的带料。造成纸面破损的原因很多，系统里的腐浆、唇板下面的积浆、光压刮刀积料、纸毛、硬压光带料、导辊带料等都会造成纸面的破损而带料。

（6）系统内泡沫太多有时也会造成带料。

（7）涂料黏度太小，固含量太低也会造成带料。

13. 蓝眉

蓝眉是指涂布机引起的蓝色眉毛状的纸病。涂布背辊黏结有涂料块等异物时可能造成蓝眉。底涂背辊带料使纸张表面凹下，再经过面涂时，面涂涂料在此处上涂得较多，所以颜色较深而形成蓝眉。或是涂料中有涂料块，上涂后涂料量较大，此种蓝眉带有尾巴。

14. 亮斑

亮斑是纸面上光泽度较高的斑点，也包括淀粉点、透明点等。亮斑只是一种直观的表述，其外观可能有很明显的区别，产生的原因也很不一样。

（1）淀粉雾化不好，淀粉喷淋管上积累的淀粉掉到纸面上，经干燥、压光后形成透明点。轻微的淀粉点也可能形成亮斑。

（2）软压光机下辊有脏物，造成的斑点较亮，有周期性。

（3）纸张匀度差，厚度不均，较厚的地方经压光后成为亮斑。

（4）天蓬滴水到纸面，经压光后也可以形成亮斑。

（5）水针溅浆，表现为小小的亮点，在纸页的边上，能够将"亮点"剥下来，该"亮点"是多出来的一点浆料。

15. 暗斑

暗斑是指纸面上的光泽度较低的斑点。造成暗斑的原因有：

（1）硬压光机辊上黏结有脏物，在纸面压成凹坑，经涂布、软压光后该处无光泽。

（2）涂布头背辊上有脏物造成局部涂布量减少。

（3）软压光上辊有凹坑或压痕时，形成的有固定周期的暗斑。

（4）干网上有黏着物，如松香等杂物，在原纸造成凹痕，经涂布、压光后形成暗斑。

16．翘曲

白卡纸的翘曲是由白卡纸正反面的应力不平衡造成的，可分为对角翘曲、横向翘曲、正翘和横向反翘等多种形式。一般情况下，产生翘曲的原因及调整途径如下：

（1）横幅水分不均，使纤维伸缩程度不一样，形成翘曲。

（2）背涂、表面施胶背辊上料量横幅不均匀，容易产生纸张扭曲。

（3）流浆箱的进浆管压力不平衡造成网部横幅浆流不一致，纤维在成形时排布不均一。

（4）干燥部、涂布机两面的干燥强度不合适造成翘曲。可根据翘曲形式进行上、下冷缸通水或通汽调整。

（5）面、底层浆料叩解度不合适造成翘曲。此时应检查叩解度是否有变化。

（6）浆网速比不合适，纸张纵横挺度比出现异常，使纸张形成翘曲。

（7）烘缸部干网张力发生变化，导致翘曲。一般张力高些对避免翘曲有益。

17．复卷条印

复卷条印是在复卷过程中产生的纸病，一般为沿纵向的亮条纹。其产生的原因如下：

（1）复卷机两底辊控制扭矩不合适，辊面喷涂磨损，造成辊面对纸面的摩擦过大或过小，形成底辊印。

（2）螺纹辊（沟纹辊）或者其支撑座摩擦纸面形成。

（3）分切刀刀架擦伤，纸面形成条印。

（4）吸尘装置离纸面太近，造成擦伤条印。

18．切纸条印

切纸条印是指切纸机造成的纵向的亮条纹。其产生的原因如下：

（1）切纸机皮带或压纸轮擦伤纸面，形成切纸条印。

（2）切纸机加减速太快，相接的纸张之间由于速度差造成擦伤。

19. 纸粉

纸粉是指纸面或纸卷端面上有白色的粉状纸沫。其产生的原因如下：

（1）复卷机吸尘装置工作不正常。

（2）切纸机纵切刀后除尘毛刷或真空吸尘器工作不正常，分切刀不锋利。

（3）纸张中加填量太大也会引起纸粉偏多。

3.3　典型防伪涂布白卡纸生产技术

3.3.1　彩色纤维防伪涂布白卡纸

彩色纤维防伪涂布白卡纸是将用水分散均匀的彩色纤维加入到芯层浆料中，经碎浆机处理、疏解机疏解后进入纸机，与面层浆料、底层浆料复合抄造制备成的、芯层均匀分布有彩色纤维的防伪涂布白卡纸，由于彩色纤维具有品种多样性和分布的灵活性，因此容易构成特殊的标记从而起到防伪的效果。

3.3.1.1　工艺流程

彩色纤维防伪涂布白卡纸的生产工艺流程如图3-8所示。

彩色纤维防伪涂布白卡纸的生产工艺过程分为三个阶段：制浆工段、抄纸工段、完成工段。主要流程与第一章介绍的涂布白卡纸的生产工艺基本相同，区别在于芯层浆料的制备，彩色纤维防伪涂布白卡纸的芯层浆料中含有一定量的彩色纤维。该纤维是在水力碎浆机处理工段加入，用料为0.8kg / t绝干浆。

芯层浆料制备流程如图3-9所示。

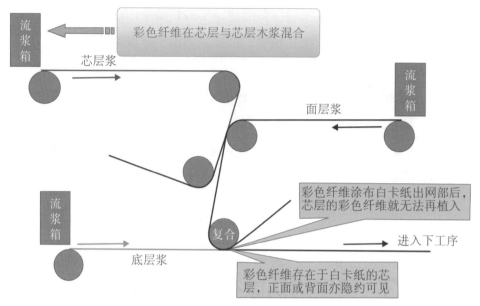

图3-8 彩色纤维防伪涂布白卡纸的生产工艺流程图

图3-9 彩色纤维涂布白卡纸芯层浆料制备流程图

3.3.1.2 工艺技术

彩色纤维防伪涂布白卡纸的生产，需要在浆料制备过程中将彩色纤维加入到浆料芯层，该过程涉及浆料的选型、浆种与彩色纤维的混合、打浆工艺的调整等问题。同时，彩色纤维的加入会对纸张模切、层间结合强度、纸机的运行性能产生影响，因此，需要对浆料的制备、抄造、涂布工艺进行调整并对相关设备进行改造，以适应彩色纤维防伪涂布白卡纸的生产。

1. 制浆工艺

（1）BCTMP浆的分散

芯层浆料主要为BCTMP浆，由于浆料中有彩色纤维的存在，芯层浆料应避免较重的碎浆处理方式，同时应达到浆料应有的分散效果。因此需要通过对芯层浆料分散的工艺条件进行调整来满足以上要求，如提高碎解温度、调整浆料浓度和碎解时间等。通过生产实践表明，较适合的碎解条件为：温度50～70℃，浓度5.0%～6.0%，时间25～35min。

（2）BCTMP浆的后处理

BCTMP浆木素含量高、纤维脆性大，机械处理时纤维易断，如果受到强力的机械揉搓，细小纤维会增多，叩解度上升，造成成纸松厚度、挺度下降，同时使彩色纤维切断造成分布长短不一。由于在防伪纸的生产中，BCTMP浆在碎解时效果较好，因此BCTMP浆采用轻刀疏解，既保证疏解效果，防止纤维切断，又不影响成纸质量。

2. 涂布工艺

煅烧土即煅烧高岭土，具有多孔性的堆砌结构，可以赋予涂层较好的白度、不透明度和油墨吸收性，是纸张涂料中的常用组分。但在彩色纤维防伪涂布白卡纸生产过程中，由于煅烧土的遮盖性较强，使用煅烧土作为涂料组分进行涂布，得到的涂层会影响彩色纤维的视觉效果。因此为了保证彩色纤维在正面隐约可见，彩色纤维防伪涂布白卡纸的涂布配方中不含有煅烧土。

涂布颜料对纸张的模切性能具有一定的影响，为保证涂布纸张的模切性能，尽量选择磨耗值低的颜料作为涂布颜料，常用颜料磨耗值如表3-1所示。由于煅烧土和二氧化钛的磨耗值较高，因此在生产彩色纤维防伪涂布白卡纸时，应避免使用二氧化钛和煅烧土做涂布颜料。

表3-1　几种颜料磨耗值对比

颜料	重质碳酸钙	轻质碳酸钙	煅烧土	二氧化钛	含水瓷土	滑石粉
磨耗/mg	<6	<4.5	<25	<20	<3	<6

3. 抄造工艺

匀度是影响彩色纤维防伪涂布白卡纸的重要指标。良好的原纸匀度有利于彩色纤维在芯层中均匀分布。通过对浆料的絮聚与分散进行研究，发现匀度的改善可以从湿部化学、浆料流送以及网案脱水元件与排列等方面进行调整和改进。此外，对淀粉喷淋设备进行改造，优选层间增强剂以及增加用量，可以提高层间结合强度，有利于产品质量的稳定。

（1）网部脱水曲线的研究及脱水元件的调整

纸料的大部分水分在网案上脱除，而纸料在网案上的脱水情况影响纤维的排列、成纸的匀度、物理强度等，而且会影响彩色纤维的分布。通过对网案的脱水板、真空吸水箱等脱水元件重新排列调整（位置，刮水角度等），获得最佳的脱水曲线，可以使纤维在网上成型时分散均匀，提高纸页的匀度，使彩色纤维分布均匀。为了进一步改善匀度，保证彩色纤维的均匀分布，可以采用将流送系统一次冲浆改为二次冲浆的方法，降低上网浓度。

（2）纸张层间结合强度的研究

由于彩色纤维防伪涂布白卡纸芯层采用短纤维BCTMP浆及彩纤（合成纤维），芯层结合强度有所降低，为了提高层间结合强度，在抄纸工段的湿部采取的措施为：①在面、芯层复合前以及芯、底层复合前增加层间结合喷淋淀粉用量；②对三层网案的脱水曲线进行调整，适当增加复合时的纸幅水分含量，增加层间纤维之间的结合能力，以提高层间结合强度。③在芯层系统适当增加阳离子淀粉用量，弥补芯层本身因加入彩纤而导致的结合强度的降低。

（3）压力筛

由于彩色纤维比木浆纤维长，在流送部通过压力筛时，容易造成堵筛现象，解决这一问题的办法是采用波纹压力筛鼓，提高浆料通过能力，从而消除堵筛现象。这种方法可使浆料的通过能力提高约30%。

（4）损纸回用技术的研究

损纸回用是彩色纤维防伪涂布白卡纸生产过程中的一个关键技术，如果处理过重，损纸中的彩色纤维容易切断，成品质量会受到严重影响。损纸回用时需要做到既要分散好损纸，又要防止彩色纤维切断，同时严格控制好损纸的浓度以及用量，防止因损纸用量波动而造成的防伪纤维数量波动以及成品物理指标（如厚度、定量等）的波动。可通过适当降低损纸双盘磨的打浆电流，增加疏解机的疏解效果来满足损纸回用的要求。

（5）碎浆白水循环系统

由于在芯层添加彩色纤维，与传统的非防伪涂布白卡纸相比，网下白水循环系统需要进行改造，防止有红色纤维的白水进入到面层和芯层浆料中。改造后的网下白水收集后只能用于芯层浆料的碎解。具体改造方案如图3-10所示。

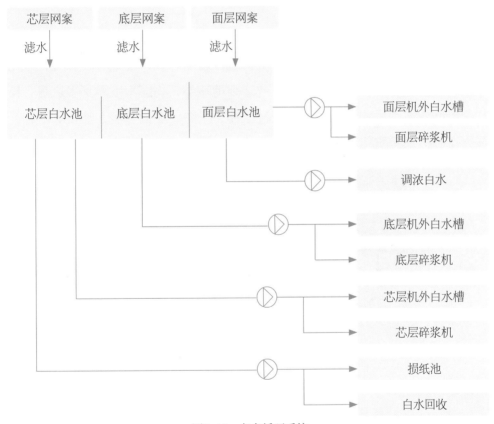

图3-10　白水循环系统

将原来的各层白水分开，使各层的白水能单独贮存。新增的白水池增加白水泵（底层白水泵），同时将各层白水的管道分开，以专供各层浆使用。制浆部分的碎浆白水和纸机流送部稀释浆料用的白水分开使用，制浆部分的调浓白水可单独分开使用，防止各层白水混合，在面层白水量足够的情况下，也可以全部使用面层白水进行浓度调节。

3.3.2 标识码防伪涂布白卡纸

标识码防伪涂布白卡纸的生产是通过下述方案实现的：利用白卡纸是由多层复合而成的特点，在白卡纸生产过程中，进行多层复合时，在层与层之间用专用设备喷淋上一层图案层。此图案层从纸张背面隐约可见，当撕开纸层时可以看到清晰完整的图案，与在纸张表面印刷而成的文字和图案有明显区别，具有良好的防伪效果。

3.3.2.1 工艺流程

在纸机网部安装喷码机，控制纸机运行速度，在网部纸页复合处，采用预设的喷淋设备以喷淋的方式间歇或连续地喷淋，将图案喷淋到多层复合结构的层间或成型后的纸面背面，经过压榨、干燥、表面施胶、涂布等流程，最终得到标识码防伪涂布白卡纸。其工艺流程如图3-11所示。

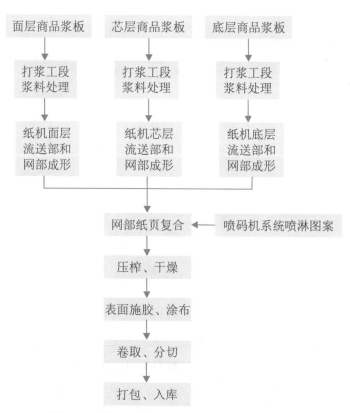

图3-11 标识码防伪涂布白卡纸生产工艺流程图

3.3.2.2　工艺技术

1. 喷码机系统原理

（1）喷码机选型

选择的喷码机需要满足290m/min车速下的喷印速度要求，同时要具有优异的喷头防护性能（网部复合部位是一个高温高湿和多喷淋淀粉粉末的环境）。此外，在喷码机的维护和故障排除等方面也对生产企业提出了要求。

（2）喷码机工作原理

喷码机是一种由单片机控制的非接触式喷墨标识系统。其通过控制内部齿轮泵或由机器内部或外部供应压缩气体，向系统内墨水施加一定压力，使墨水经由一个几十微米孔径的喷嘴射出，并由加在喷嘴上方的晶体振荡信号将射出的连续墨线分裂成频率相同、大小相等、间距一定的墨滴。然后，墨滴在经过充电电极时被分别独立充电，其所带电量大小由中央处理器CPU进行控制；再经过检测电极检测墨滴实际所带电量与相位是否正确。最后，带电墨滴在偏转电极形成偏转电场中发生偏转，从喷头处射出，分别打在产品表面的不同位置，形成所需各种文字、图案等标识。而没有被充电的墨滴则打入回收槽，重新进入机器内部的墨水循环系统进行再循环利用。

2. 喷码机技术要点

（1）喷印距离调整

以Leibinger喷码机为例，喷码机喷头的推荐喷印距离（喷头到喷印物间距）为8～15mm。由于纸机的成形网是贵重物品，为避免喷头碰到成形网造成设备事故，把喷印距离调整为12mm，既可以满足喷码字符串的要求，同时喷头和成形网的距离在设备可接受的范围内，不会导致成形网的损坏。

（2）网部真空调整

由于纸张横幅的纸页干度不是绝对一致的，有些横幅位置油墨过多地转移到底层纸页上，导致芯层纸页上的字符不够清晰，因此通过调整网部芯层和底层真空箱的真空度来控制芯层和底层纸页在复合前的纸页干度，同时避免芯、底层复合后在第一、第二个真空箱急剧脱水，使大部分的油墨保留在芯层纸页。最终制得的标识码防伪涂布白卡纸在撕开底层后，可以看到清晰完整的字符，而在纸张背面可以隐约看到标识码。

（3）编码器精度改进

纸厂在生产不同克重纸张时要改变纸机车速，喷码机需要有对应的速度与其匹配。喷码机工作时需要纸机车速的参数，这个车速信号由一个安装在网部转动的导辊上的编码器提供。以Leibinger喷码机为例，配套的编码器精度为2500P/r，在270m/min的车速下喷印出来的字体变形很大，字体不工整，因此需要对编码器的精度进行改进，更换为精度6000P/r的编码器，使喷印出来的字体工整度达到要求。

（4）压缩空气改进

纸机网部复合部处于一个高湿气、多粉尘（喷淋淀粉）的环境，湿气和粉尘容易进入喷头，导致喷码机的喷头堵塞或喷印字体变形，从而影响喷印效果。解决办法为将喷头防护的外接压缩空气的压力从0.45MPa提高到0.6MPa，同时将接到每台喷码机的气管管径从6mm加大到8mm。另外，增加压缩空气加热的设备，把压缩空气温度提高到120℃，保证喷头内部的干燥，从而满足喷码机的运行要求。

（5）停机联锁

纸机因意外停机，喷码机不能立即停止喷印，这样油墨会直接喷到成形网上，有造成成形网脏污的风险。通过喷码机跟纸机DCS数据连接，达到停机联锁的效果，从而消除这一风险。

（6）喷头安装方式改进

由于整个纸机横幅有多台喷码机，只要有一台出现故障，就需要进行喷头清洗或者喷头零部件更换，整个纸幅都不能做合格品。因此需要对喷头的安装方式进行改进，喷头做成活动式的，有故障时可以抽拉出来进行处理，大大地节省了处理喷头故障的时间，提高了生产效率。

（7）喷头防护改进

在不生产标识码防伪纸期间，喷码机和喷头是移出纸机网部复合区的，但是在纸机网部湿气高和多喷淋淀粉的环境下，喷头还是容易发生故障，给下次标识防伪纸的生产带来困难。因此制备喷头和喷头支架的防护罩，并且在喷码机停用期间也开启喷头防护的压缩空气，从而很好地保证喷头的清洁。

3. 标识码防伪涂布白卡纸的技术方案

（1）喷码机喷头连接管线（电缆、气管和油墨管线等）都要由一个可以移入到纸机网部芯、底层复合区的横梁支架提供，芯、底层复合区的空间有限，喷码机数量太多，会造成横梁过大，不利于应用。因此，当纸机幅宽为2500mm时，选用28台喷码机，喷出的字符行间距是88mm，即使在较小的药品包装盒上也可喷印一条喷码信息。

（2）28台喷码机的喷头安装在可以移动的支架上，在生产标识码防伪纸时移到纸机网部的复合部，横跨纸页整个横幅，把预先设置的图案喷淋到复合前的湿纸页上，形成层间的图案层。喷头与喷头之间的距离可调节。喷码机机架系统如图3-12所示。

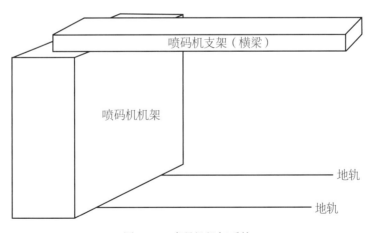

图3-12　喷码机机架系统

如图3-12所示，喷码机机架是一个具有横梁和滑轮的不锈钢架子，机架内安装有28台喷码机主机，28个喷头平均分布安装在横梁支架上。在生产标识码防伪纸时，可以方便地通过滑轮把横梁移入到网部复合区，进行喷码作业。

28台喷码机由一台工业电脑控制，可以方便更改喷淋字符和进行参数调整。

（3）喷码机安装在芯、底网复合区，防伪字符或标识符喷淋在白卡纸的芯层和底层之间，使纸张反面隐约可见，当撕开底层时，可看到清晰完整的防伪字符。三长网纸机网部示意图如图3-13所示。

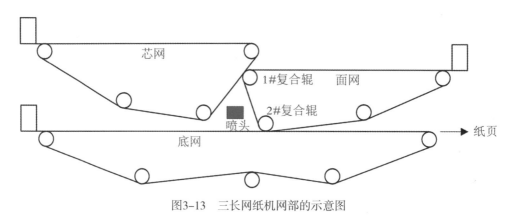

图3-13　三长网纸机网部的示意图

网部纸页成形的过程如下：纸浆通过面网和芯网形成的面层纸页和芯层纸页，在1#复合辊处黏合在一起，再在2#复合辊处黏合底层纸页，形成具有三层结构的白卡纸原纸。

标识码防伪涂布白卡纸的生产是在图中红色标志（喷头）处用喷码机，在面层和芯层复合后喷淋特定的字符或图案在芯层纸页上，最后跟底层复合，形成在芯层和底层纸间的难以通过印刷方式假冒的防伪白卡纸。

（4）损纸的应用。由于标识码防伪纸标识喷淋墨水为酮基，不溶于水，因此损纸的回用可能对成纸的外观性能造成一定的影响。经过生产实践表明，当芯层损纸加入量在35%以下时，损纸的加入不影响成纸的外观性能。

3.3.3　本色纤维防伪涂布白卡纸

本色纤维防伪涂布白卡纸的生产方法是在纸张背面植入环保安全的本色纤维。生产该新型纸张的技术关键点是，除了达到烟用涂布白卡纸的性能标准外，本色纤维的技术处理还需严格控制本色纤维的选型、加入量、碎解分散以及选择本色纤维的加入点以保证产品的稳定性。

3.3.3.1　产品分类

本色纤维防伪涂布白卡纸（SBS及FBB系列），SBS纸张芯层浆料为化学浆，FBB纸张芯层浆料为化学机械浆。

SBS系列本色纤维防伪涂布白卡纸的主要原料是精选优质化学木浆，纤维柔软细长，韧性好且纸张不含荧光增白剂，成纸匀度优异、平整细腻、印刷适性优良、套印准确、满版印刷不掉点；满足柔印、凹印要求；复合性能好；耐折度好，适应高速烟包机（800～1000包/min）对挺度的要求。SBS系列本色纤维防伪涂布白卡纸特别适合转移加工，油墨层和铝层不容易发生爆裂。

FBB系列本色纤维防伪涂布白卡纸专用于直接印刷烟用产品，FBB纸张能很好地适应纸张的后加工，印刷的产品图案精美，良好的纸张挺度能满足烟包的使用要求，能很好地满足客户的需要。

3.3.3.2　工艺流程

本色纤维防伪涂布白卡纸（SBS和FBB）通常由涂布层、面纸层、芯纸层和底纸层组成。以纯木浆纤维作为原料，在底层浆料中按一定比例添加本色纤维以形成特定的自然纹理，然后单面或双面涂布，再经过压光、整饰，从而制成带本色纤维纹理的防伪涂布白卡纸。本色纤维防伪涂布白卡纸的结构图如图3-14所示。

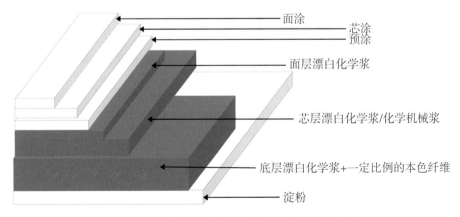

面涂
芯涂
预涂
面层漂白化学浆
芯层漂白化学浆/化学机械浆
底层漂白化学浆+一定比例的本色纤维
淀粉

图3-14　本色纤维防伪涂布白卡纸结构示意图

本色纤维防伪涂布白卡纸（SBS及FBB系列）的抄造主要分为三个主要的部分：制浆部分、纸机部分和涂料部分。面层浆料、芯层浆料、含有本色纤维的底层浆料分别经碎浆机碎解混合、盘磨磨浆机磨浆、配浆后进入三层叠网成型的造纸机，经造纸机三层叠网成型，生产出具有面层、芯层和分布有本色纤维的底层的原纸。原纸经造纸机干燥、表面施胶、涂布、干燥后进入卷取部，卷取、复卷打包成品。为了保证产品质量的稳定性，本色纤维防伪涂布白卡纸（SBS及FBB系列）的生产严格按照各工段的工艺要求进行控制。本色纤维防伪涂布白卡纸的工艺流程如图3-15所示。

图3-15　本色纤维防伪涂布白卡纸生产工艺流程图

3.3.3.3　工艺技术控制要点

1. 本色纤维的选型

考虑本色木浆纤维的性能特点，选择适合于生产本色纤维防伪涂布白卡纸的本色木浆纤维。本色纤维的长度、宽度、松厚度等指标都需要符合烟用白卡纸的生产要求。选用的本色纤维需易于分散，与纸张的底层浆料能均匀地混合，保证纸张强度及其他性能指标达到标准且满足后续的印刷加工的要求。

2. 本色纤维的加入点选择

生产本色纤维防伪涂布白卡纸的关键是保证本色纤维能均匀分散，所以本色纤维加入点的选择非常重要。要求加入点易于操作，方便控制，同时能保证本色纤维的均匀分散。

3. 本色纤维的碎解分散

本色纤维的碎解选择在碎浆机中混合分散的碎解方式，其过程中要控制碎解浓度、时间和温度；浆料再经过磨浆机磨浆，其过程中要控制浆料的打浆浓度和磨浆机出口的叩解度，以使浆料能够分散均匀，达到一定的分丝帚化的效果，利于浆料上网成型。

4. 控制加入量的稳定性

因本色纤维嵌入在纸张内部，需严格控制其加入量，使每批次纸张不产生明显的色差，保证产品的稳定性。本色纤维的数量有标准控制，检测纸张的白度色相，及通过肉眼观察纸张的外观形态以监控纸张的稳定性。

3.3.3.4　质量要求

本色纤维防伪涂布白卡纸（SBS及FBB）要求各项物理指标均能满足标准的要求，各项性能满足纸张后续加工的要求。

本色纤维防伪涂布白卡纸主要应用于烟包领域，因此纸张需适应烟包机的使用，纸张的厚度、挺度和纸层间结合力等参数必须在标准范围内；纸张的外观方面需要对白度、色相、光泽度等指标进行检测；用于转移和复合加工的烟包纸张，需满足纸张表面粗糙度（PPS）和纸面平整性的相关指标；用于直接印刷的烟包纸张，需控制纸张的油墨吸收性、印刷适性；对于环保型的烟包用纸，除了质量指标达到标准外，纸张的VOC、甲醇、甲醛及荧光物质的含量均是需要重点关注的指标。

3.3.3.5　安全性要求

以本色纤维防伪涂布白卡纸（SBS及FBB系列）为材料，按照食品级要求生产的烟用白卡纸的相关性能指标都符合国家标准，且增加了对纸张甲醇、甲醛、VOC及荧光物质的检测。该烟用防伪涂布白卡纸除了使用独特的本色纤维获得防伪效果外，另一亮点是其产品在安全性方面的严格控制。

在烟草企业近年来对原材料各项安全性指标的严格要求下，为保障本色纤维防伪涂布白卡纸符合烟草企业安全性指标的控制要求，纸张生产过程采取了以下措施：

（1）从源头加强控制，主要是针对纸浆、化工原料、包装材料。拥有一套完整的全过程质量控制系统，从原料的进货检验、过程检验、成品检验以及第三方检验进行产品的质量把关。原料供应商需提供产品安全证明材料等食品安全符合性验证，产品必须满足VOC、甲醛、甲醇、荧光物质检测指标的各项要求。对于烟用白卡纸，根据《YC/T 207—2006卷烟条与盒包装纸中挥发性有机物的测定　顶空-气相色谱法》对原料的VOC进行检测，根据《甲醛的测定　超高效液相色谱法—原料、包装材料、白卡纸》对甲醛进行检测。

（2）生产过程控制。避免在生产操作过程中造成的产品安全隐患，同时严格检验生产过程中从原材料投放到成品入库的各个环节。

（3）对产品出库后运输环节的管理，主要是避免在运输环节中造成的各项安全指标的超标。检查各运输企业到公司的车辆和集装箱，杜绝有异味和污染的车辆装载纸张。

第4章 防伪涂布白卡纸的质量要求和控制

4.1 防伪涂布白卡纸的质量要求

防伪涂布白卡纸技术含量高，具有涂布白卡纸的特点，同时具有优良的表面印刷性能和明显的防伪标识。具体特点包括：优良的强度和后加工活性，均一的外观（白度、平滑度、光泽度），良好的印刷适性（印刷光泽度高、着墨性），较高的作业适性（不掉粉、油墨干燥速度快），合适的纸盒性能（压折、切口、黏附性、挺度），明显的防伪标识。

防伪产品质量是一个企业的生命线，需要从原料、半成品、成品各个环节严格控制质量。对各项质量指标，按照国家标准检测方法进行检测和监控。

4.1.1 原材料的质量控制

1. 浆料的质量控制

漂白硫酸盐针叶木浆（NBKP）、漂白硫酸盐阔叶木浆（LBKP）、漂白化学热磨机械浆（BCTMP）、本色硫酸盐针叶木浆（NUKP）应用要求见表4-1~表4-4。

表4-1　NBKP应用要求

指标	要求
ISO白度（%）	87.0～92.0
水分（%）	≤18.0
叩解度（°SR）	≥12
湿重（g）	≥8
尘埃（ppm）	≤2.0
二氯甲烷抽提物（%）	≤0.25
挥发物	四项单列
荧光物质	禁止有
物理强度指标	抄片检测（抗张、撕裂、耐破等指标）
食品安全	符合国际法规

表4-2　LBKP应用要求

指标	要求
ISO白度（%）	87.0～92.0
水分（%）	≤15.0（商务结算使用）
叩解度（°SR）	13～22
湿重（g）	≥1.7
细小纤维含量（%）	≤6
尘埃（ppm）	≤2.0
二氯甲烷抽提物（%）	≤0.25
挥发物	四项单列
荧光物质	禁止有
物理强度指标	抄片检测
食品安全	符合国际法规

表4-3　BCTMP应用要求

指标	400/70	400/75	400/80
游离度CSF		375～425	
ISO白度（%）	68～73	74～80	78～83
水分（%）		≤18	

指标	400/70	400/75	400/80
尘埃（ppm）	≤20	≤15	≤10
二氯甲烷抽提物（%）		≤0.30	
松厚度（cm³/g）		2.7～3.0	
VOC（甲醇）		80	
挥发物		四项单列	
荧光物质		禁止有	
食品安全		符合国际法规	

表4-4　NUKP应用要求

指标	要求
ISO白度（%）	20～30
水分（%）	≤180
叩解度（°SR）	—
湿重（g）	10～16
尘埃（ppm）	≤200
二氯甲烷抽提物（%）	≤0.25
挥发物	四项单列
荧光物质	禁止有
物理强度指标	抄片检测（抗张、撕裂、耐破等指标）
食品安全	符合国际法规

2．涂布原料的质量控制

高岭土、碳酸钙、胶乳、羧甲基纤维素钠（CMC）、功能添加剂的质量要求如表4-5、表4-6、表4-7、表4-8、表4-9所示。

表4-5　瓷土质量指标要求

原料	水分（%）	+325目（%）	pH值	粘滞浓度（%）	粒度-2μm（沉，%）	粒度-2μm（粒，%）	ISO白度（%）	磨耗值（g/m²）	备注
面涂瓷土	≤1.0	≤0.005	6.0～8.0	≥68.0	94.0～98.0	96.0～100.0	88.5±1.5	≤15.0	荧光物质不得检出

表4-6　碳酸钙质量指标要求

原料	固含量（%）	ISO白度（%）	+325目筛余物（%）	pH值	−2μm（沉，%）	−2μm（粒，%）	−1μm（粒，%）	黏度（25℃，50r/min，mPa·s）	回黏度（25℃，50r/min，mPa·s）	磨耗值（g/m²）	备注
面涂浆状碳酸钙	73.0±1.0	92.0～97.0	<0.020	9.0±1.5	>75.0	96.0～99.5	实测	≤700	实测	≤25.0	荧光物质不得检出
预涂浆状碳酸钙	75.0±1.0	≥91.0	<0.020	10.5±2.0	≥45.0	50.0～55.0	≤350	—	—	≤50.0	

注："沉"是指沉降瓶检测出来的结果，"粒"是指粒度仪检测出来的结果。

表4-7　胶乳质量指标要求

原料	pH值	黏度（25℃，50r/min，mPa·s）	固含量（%）	机稳性（ppm）	苯（μg/g）	甲苯（μg/g）	乙酸丁酯（μg/g）	乙苯（μg/g）	二甲苯（μg/g）	环己酮（μg/g）	甲醇（μg/g）	备注
胶乳	5.5～7.0	≤400.0	50.0±1.0	≤80.0	—	—	—	—	—	—	—	荧光物质不得检出

表4-8　CMC质量指标要求

原料	pH值	黏度（4.0%，20℃，60r/min，mPa·s）	黏度（13.0%，50℃，50r/min，mPa·s）	水分（%）	苯（μg/g）	甲苯（μg/g）	甲醇（μg/g）	甲醛（mg/kg）	备注
CMC	5.5～8.0	50.0～200.0	<4000	≤10.0	≤0.50	≤0.50	≤10.0	≤15.0	荧光物质不得检出

表4-9 功能添加剂质量要求

原料	pH值	黏度（25℃，50r/min，mPa·s）	固含量（%）	苯（μg/g）	甲苯（μg/g）	甲醇（μg/g）	甲醛（mg/kg）	二甲苯（μg/g）	环己酮（μg/g）	备注
润滑剂	11.0±1.0（2%）	＜400.0	≥48.0	≤0.50	≤1.50	≤15.0	≤15.0	—	—	荧光物质不得检出
分散剂	7.0±1.0	＜1000.0	≥40.0	≤0.20	≤0.50	≤15.0	≤15.0	—	—	
耐水剂	7.5±1.0（1.0%）	≤500.0	50.0±1.0	≤0.20	≤0.50	≤15.0	≤20.0	—	—	
抑泡剂	—	＜1000.0	—	≤0.50	≤0.50	≤15.0	≤20.0	—	—	
杀菌剂	—	—	—	≤0.50	≤0.50	≤17.0	≤50.0	—	—	
消泡剂	—	＜1000.0	—	≤0.50	≤0.50	≤15.0	≤20.0	—	—	

4.1.2 半成品的质量控制

1. 浆料的质量控制

生产过程各浆线浆料质量控制见表4-10。

表4-10 各浆线浆料质量控制

浆线	打浆要求			
	打浆浓度（%）	叩解度（°SR）	湿重（g）	pH值
面浆线	4.3～4.7	30～34	—	6.0～7.0
芯浆线	4.3～5.5	—	—	6.0～7.0
底浆线	4.3～4.7	28～30	—	6.0～7.0
本纤线	4.0～4.5	26～30	6.5～7.2	6.0～7.0

2. 涂料的质量控制

SBS涂布白卡纸涂料质量指标要求见表4-11。

表4-11　SBS涂布白卡纸涂料质量指标要求

		pH值（25℃）	黏度（25℃，mPa·s）	固含量（%）
制备	底　料	8.5～9.5	1000～2500	63.0～68.0
	衬　料	8.5～9.5	1000～2500	63.0～68.0
	面　料	8.5～9.5	1000～2500	64.0～68.0
	背涂淀粉	—	实测	18.0～22.0
贮存	底　料	—	1000～2600	63.0～68.0
	衬　料	—	1000～2600	63.0～68.0
	面　料	—	1200～2600	64.0～68.0
	背涂淀粉	—	实测	18.0～22.0
涂布头	底　涂	8.5～9.5	1000～2000	64.0～73.0
	衬　涂	8.5～9.5	1000～2000	64.0～73.0
	面　涂	8.5～9.5	1000～2000	64.0～68.0
	背涂淀粉	—	—	9.0～15.0

4.1.3　成品的质量控制

成品的质量分为外观质量和物理指标质量两大类。

1. 外观质量

纸张收卷边整齐、洁净，不得被污染或存在破损；不得有纸芯歪斜、变形等现象。

纤维组织均匀、纸面平整、涂布均匀，不得有斑点，不应有折子、破损、鼓泡、凸凹点、硬质块及明显条痕等纸病。

2. 物理质量指标

纸张物理质量指标如表4-12所示。

表4-12　纸张物理质量指标

技术指标	单位	检验标准	规定
定量	g/m²	ISO536	设计值±设计值×3.0%
厚度	μm	ISO534	设计值±15

技术指标	单位	检验标准	规定
水分（交货）	%	ISO287	6.5±0.5
横向挺度Taber15°	mN·m	ISO2493	≥2.5
纵向挺度Taber15°	mN·m	ISO2493	≥5.0
表面吸水值（60s）	g/m²	ISO535	正面（印刷面）：≤40；反面：≤100
白度（R457）	%	ISO2470	正面（印刷面）：81.0±3.0 反面：72.0±3.0
色差ΔEab	—	GB/T7975	≤1.5或以实物标样比对
荧光白度	%	—	≤1
印刷表面粗糙度 （10kg.H）	μm	ISO8791	≤1.50
正面光泽度（75°）	%	TAPPI480	≥35
印刷光泽度	%	GB/T12032	≥89
层间结合强度	J/m²	GB/T26203	≥100
尘埃度	个/m²	GB/T1541	0.2～1.0mm²≤16；>1.0mm²不许有
油墨吸收性	%	GB/T12911	15～26
纵向抗张强度	kN/m	GB/T1924	≥9.50
紧度	g/cm³	GB/T451.3	≤0.79

3. 具有代表性的防伪涂布白卡纸的防伪标识

彩色纤维防伪涂布白卡纸：彩色纤维均匀分布在芯层，从正面、反面及透光都能隐约观察到彩色纤维，彩色纤维的色泽明亮清晰，无掉色现象。

标识码防伪涂布白卡纸：图案层在白卡纸的层间，从纸的背面可隐约看到，当撕开纸层可以看到完整、清晰的图案。

本色纤维防伪涂布白卡纸：纸张背面本色纤维（防伪纤维）应分布均匀，纤维颜色应一致，单位面积内本色纤维在自然力和非自然力条件下应不易分层和脱落。同批纸的色相不应有明显差异，色相应一致。

4.2　防伪涂布白卡纸的环保要求

随着经济的发展，人们对产品的安全要求也越来越高，根据各种功能型产品包装的特点，迅速衍生出许多产品包装控制项目和法律法规。欧美等发达国家的食品包装安全法规相对完善和先进，我国于2009年颁布的《食品安全法》将食品包装材料纳入了管理范围，对其实施卫生监管，食品包装材料的安全性有了法律的保护。

4.2.1　烟标VOC概述

近年来，随着科技发展和人们生活水平的提高，社会整体消费水平以及人们消费观念都在发生改变。越来越多的消费者追求个性化包装，过去简单的包装方式已经远远不能满足人们的需求。产品外包装已经不仅仅具有简单的包装属性，同时也被赋予了增值属性。漂亮的包装可以刺激消费者的购买欲望，增加产品销量。卷烟企业和印刷企业纷纷提高包装档次和印刷水平。卷烟条、盒包装纸（即"烟标"）在印制过程使用大量的有机溶剂（即挥发性有机化合物，下简称VOC），如果残留的VOC超标，不仅影响卷烟产品的安全性，同时可能影响卷烟产品的风格和感官评析质量。香烟包装设计复杂化、印刷多样化，除增加成本外，同时也带来一系列不安全因素和资源浪费、环境污染等问题。

烟草用包装材料的安全性受到烟草行业的共同关注。国家烟草专卖局发文（国烟科〔2004〕615号文和〔2005〕569号文）组织制定了YC/T 207—2006《卷烟条与盒包装纸中挥发性有机化合物的测定 顶空-气相色谱法》和YC 263—2008《卷烟条与盒包装纸中挥发性有机化合物的限量》两项烟草行业标准，并分别于2006年10月和2008年7月开始实施。我国是世界第一大的香烟生产国，这一标准的实施使我国的烟草工业从此有了统一的香烟包装的溶剂残留量标准。同时，这一标准与国际烟草行业的标准相似，这为国产香烟走向世界扫除了一个技术障碍。当然，由于这一标准是一个很高的强制性标准，因此，这一标准的实施对烟标印制企业和相关的原辅料供应商而言，是一个不小的挑战。

4.2.2　影响烟标VOC残留的因素

影响烟标VOC残留量的因素主要有以下几方面：油墨的性质，印刷基材和其他辅料，上墨量及上墨面积，印刷工艺等。下面分别对这些影响因素进行分析。

1. 油墨的性质

油墨是一种将颜料微粒、填料、附加料等均匀分散在连接料中，具有一定黏性的流体物质，包括溶剂油墨、水性油墨、胶印油墨和UV油墨等。不同类型油墨印刷后残留的VOC成分不同。

胶印油墨印刷后残留的VOC成分主要有：甲苯、苯的衍生物等。凹印油墨本身含有50%以上的溶剂成分，而且印刷过程中又会加入溶剂、慢干剂来调整油墨印刷适性，在热风干燥过程中大部分溶剂挥发，但仍有少量残留，主要残留成分是挥发速度慢的溶剂成分，如丁酯、异丙醇、正丁醇等。柔印油墨多数是挥发性的液体油墨，也有少数氧化结膜、渗透干燥、光固化型油墨，柔印油墨使用的溶剂主要有醇类、酯类、烃类、酮类、醚类等，柔印油墨与凹印油墨成分相似，因此印刷后残留VOC主要成分与凹印油墨类似。水性柔印油墨的溶剂主要是水和乙醇。丝网印刷墨层厚实，微量溶剂在油墨干燥固化过程中被固着在油墨层内部，所以丝印产品VOC残留较高，且不易挥发。光固型油墨所使用的光敏剂及树脂等原材料也带有微量VOC成分，在固化后仍微量残留在印品中，其成分一般是苯类、酮类等。

油墨，特别是溶剂型凹版油墨的VOC性质对烟标的有机溶剂残留量有着重要的影响。为此，各家烟标印刷厂都将油墨（包括光油），列为VOC控制的重点。

2. 印刷基材和其他辅料

烟标通常使用白卡纸、白板纸、铜版纸、铸涂纸、复合金卡、银卡、镭射卡以及转移卡纸等进行印刷。烟标用纸是由纸浆抄造，然后经过颜料涂布、压光整饰而成。在制浆、漂白过程中加入的化学品会导致纸浆中VOC的微量残留。纸张抄造过程中添加的各种化学助剂也会引起VOC的产生。此外，复合金卡、银卡、镭射卡以及转移卡纸在加工过程中会使用铝箔、铝膜、镭射膜、转移膜以及黏合剂、清漆、剥离剂等，这些黏合剂、清漆、剥离剂以及PET、OPP膜本身就会有VOC残留。黏合剂也可能与合成膜中的某些化合物发生反应生产新的VOC。

3. 上墨量及上墨面积

烟标的上墨量及上墨面积，这是由烟标的设计所决定的，烟标印制企业不能做太多改变。

4. 印刷工艺

使用某些特殊的印刷工艺，会对烟标中VOC残留产生较大的影响。如使用普通的丝网印刷和UV油墨，使用某些特殊纸张、油墨和溶剂等都易影响VOC残留。同时某些特殊工艺，可能导致原有化合物的裂解和新的化合物的产生。如UV油墨使用紫外线照射干燥的工艺，会使涂布纸张中的胶乳发生裂解而产生新的化合物，使印品发出一种臭鸡蛋气味。而印刷条件（干燥设备的温度，印刷速度等）则是烟标印制企业可以优化的，它们对于烟标的VOC的控制非常重要。

4.2.3 影响烟包用白卡纸VOC残留的因素

影响香烟包装用白卡纸中VOC残留的因素有以下几方面：原材料，包装材料，造纸工艺，仓储，运输等。

1. 造纸原材料的影响

造纸使用的主要原材料有纸浆、填料（碳酸钙、滑石粉等无机颜料）、助留剂、施胶剂、淀粉、染料、胶乳、聚乙烯醇、羧甲基纤维素、高龄土、涂布碳酸钙等。在纸浆生产过程中，纤维原料的主要成分（纤维素、半纤维素和木素）与制浆、漂白过程中加入的化学品发生反应，产生一些挥发性有机化合物，如苯类及衍生物、醇类、酯类和酮类等，这些VOC在后续的纸浆洗涤、干燥过程中能被除掉绝大部分，但仍不可避免有微量残留。在由纸浆抄造纸张的过程中，添加的一些化学品，如助留剂、施胶剂、胶乳等，大部分是石油化工产品，其生产原料来源于石油，本身就是受限制的挥发性有机化合物，生产过程中不可能完全反应或完全除去，而这些化学品又是造纸的必需品，目前没有很好的替代品。

2. 包装材料的影响

包装材料会影响原料和纸张的VOC残留。纸张包装会使用到牛皮卡纸、瓦楞纸、PE膜、塑料打包袋等。这些包装材料，特别是PE膜，含有VOC，对纸张会造成VOC污染从而影响到原料中VOC的残留。目前从节约资源和降低成本方面考虑，整个造纸化学品行业大多在使用回收桶、回收袋，存在不清楚前一次包容物成分和清洗不洁净的问题，这势必会对化学品造成VOC污染或影响化学品中VOC的残留，最终会影响到纸张中VOC的残留。

3. 造纸工艺的影响

造纸需经过纸浆碎解、稀释、脱水、干燥等工艺过程，控制这些工艺过程主要是为了保证纸机正常运行、纸张性能以及产品质量，当然，也有助于造纸原材料中的VOC的挥发，但这不是工艺过程控制的主要目的。原料中带入的VOC不可避免或多或少地会在纸张中残留。

4. 仓储的影响

原料和纸张具有一定的吸附性，挥发性有机化合物具有一定的挥发性，因此，仓储情况、生产周边环境以及仓储环境通风情况等都会影响到仓库贮存的原料、纸张以及生产的纸张中的VOC残留情况。如，在储存原料和纸张前仓库是否贮存过挥发性有机化合物；原料及纸张周围是否同时储存有挥发性有机化合物；原材料生产工厂和纸厂周边，特别是风向上游，是否有化工厂、挥发性有机化合物生产厂。

5. 运输的影响

原料和纸张在运输过程中可能受到运输工具和中途停靠环境的污染，从而影响到原料和纸张中的VOC残留。运输工具在运输原料和纸张前的装载货物情况、运输中途停靠的环境情况等都是需要考虑的影响因素。

4.2.4 《卷烟条与盒包装纸中挥发性有机化合物的限量》YC 263—2008

2008年5月27日发布的《卷烟条与盒包装纸中挥发性有机化合物的限量》（YC 263—2008）标准规定了卷烟条与盒包装纸中挥发性有机化合物的技术要求、抽样、样品测定、数据处理及判定规则。适用于卷烟条、盒包装纸。卷烟条与盒包装纸中挥发性有机化合物的技术指标如表4-13所示。

表4-13 卷烟条与盒包装纸中挥发性有机化合物的技术指标

序号	化合物名称	分子式	指标（mg/m²）
0	苯	C_6H_6	0.01
1	乙醇	C_2H_6O	50.0
2	异丙醇	C_3H_8O	5.0
3	丙酮	C_3H_6O	1.0
4	丁酮	C_4H_8O	0.5
5	乙酸乙酯	$C_4H_8O_2$	10.0
6	乙酸异丙酯	$C_5H_{10}O_2$	5.0
7	正丁醇	$C_4H_{10}O$	2.5
8	丙二醇甲醚	$C_4H_{10}O_2$	60.0
9	乙酸正丙酯	$C_5H_{10}O_2$	50.0
10	4-甲基-2-戊酮	$C_6H_{12}O$	1.0
11	甲苯	C_7H_8	0.5
12	乙酸正丁酯	$C_6H_{12}O_2$	5.0
13	乙苯	C_8H_{10}	0.25
14	二甲苯	C_8H_{10}	0.25
15	环己酮	$C_6H_{10}O$	1.0

根据YC/T 207《卷烟条与盒包装纸中挥发性有机化合物的测定 顶空-气相色谱法》对挥发性有机化合物的含量进行测试，测试结果取两次平行测定的平均值，单位为mg/m²。当某化合物的测定结果小于该化合物的定量检出限值时，应报告该化合物"未检出"，同时报告定量检出限值。当测定结果大于或等于定量检出限值但小于0.01mg/m²时，应按0.01mg/m²报告，同时报告定量检出限值。

测试结果出现下列情况之一，则判该批产品不合格。

（1）苯含量0.01≥mg/m²；

（2）测定结果不符合式（4-1）要求：

$$\sum \left(\frac{x_i}{y_i} - 1 \right) < 15.0 \qquad (4-1)$$

式中：i——表4-13中的序号，i=1，2，3，……，15；

　　　x_i——测定值，"未检出"时取值为0；

　　　y_i——指标值

　　　x_i/y_i-1——超标比值，当$x_i/y_i-1<0$时取值为0。

4.2.5　几点建议

（1）强化产品安全卫生内容研究，完善卷烟条与盒包装纸安全指标。近年来，消费者对产品质量和产品安全关注度越来越高，每一次的产品安全质量问题都会引起社会的重大反响和对产品质量检测、监督、管理的质疑。在此大环境下，烟草行业应主动加强卷烟产品和烟用材料安全性方面的研究，建立完善相关的技术要求和实验方法。

（2）完善行业产品质量安全标准体系，为卷烟条与盒包装纸产品质量安全监管提供技术支撑。现行卷烟条与盒包装纸标准更多地关注产品在工厂交接、卷烟加工过程中的材料适应性等技术指标，体现了标准制定时的背景条件下对安全指标的一些要求。随着对产品安全卫生指标研究的深入和重视，消费者对产品安全性和检测的科学性提出了更高的要求，为应对可能出现的卷烟条与盒包装纸产品质量监管盲区和漏洞，应建立和完善挥发性有机物、荧光性物质等有关产品安全指标的检验依据和技术要求，为卷烟条与盒包装纸产品质量安全监管提供技术支撑。

（3）促使烟用材料向绿色、环保、卫生、安全方向发展。目前，国内烟用条与盒包装纸除包装功能外，还有装饰、防伪功能，使印刷环节增多、工艺更复杂，从而带来挥发性有机化合物含量过高的问题。现行卷烟条与盒包装纸标准重点研究挥发性有机化合物和原料等技术要求，可以促使卷烟企业趋向采用绿色、环保工艺生产加工烟用条与盒包装纸，减少挥发性有机化合物等有害物质的含量，使烟用材料向卫生、安全方向发展。

（4）维护消费者利益和国家利益。中国烟草行业践行国家利益至上、消费者利益至上的行业价值观，修改和完善烟用条与盒包装纸产品安全卫生方面、功能性及加工适用性等方面的指标和要求，积极贯彻落实行业关于加强产品质量安全工作的精神，形成科学的、具有前瞻性的标准，加强产品质量的检验、监督和管理，可以更好地维护消费者利益，使行业健康、持续、稳定地发展。

第5章 防伪涂布白卡纸的废水处理

5.1 废水的来源及其特性

　　浆纸的生产离不开水，造纸工业一直是各类制造业中的用水大户，因而在贫水、缺水地区，造纸工业的生存和发展就不能不受到较大的制约。这使产量日益增长、规模日趋扩大的现代造纸工业，除了选择在水资源较丰富的地区发展外，还从技术上、管理上对浆纸生产过程采取了许多节水措施。例如，美国许多企业抄造每吨纸的用水量由19世纪50年代的50～100m³，下降到21世纪5～10m³或更低的水平，50～60年间发达国家造纸工业单位产品的耗水量下降了约90%，也说明造纸工业节水潜力巨大。通过技术创新，造纸工业正朝着大量循环用水，追求用水量及水污染负荷最小化的方向前进，以摆脱水资源对浆纸工业发展的制约。

　　我国是世界上严重缺水的国家之一，现阶段人均年占有水资源不超过2300m³，是世界平均占有水平的25%。我国不但水资源少，而且全国水资源在时空分配上也很不均衡，占有整个国土面积约2/3的长江以北地区，仅占水资源总量的20%，而且降水量的66%～70%又相对集中在一年的6月～9月，这使北方地区在少水季节的缺水情况更为突出。因此，我国造纸工业应对节水工作予以足够的重视，以减少水资源贫乏的压力。水资源不足已成为制约造纸工业发展的一个十分明显的因素，当前，有些缺水大城市的浆纸企业已被关闭或迁出，浆纸产业被定为不被支持发展的产业。

近年来，国家对制浆造纸工业的环保要求越来越严，废水排放标准也越来越高。2008年6月25日，国家正式颁布了GB3544—2008《制浆造纸工业水污染物排放标准》，新标准让众多的中小企业难以适应。据统计，2012年造纸工业废水排放量为34.27亿t，占全国工业废水总排放量203.36亿t的16.9%，比上年降低1.1个百分点；排放废水中化学需氧量（COD）为62.3万t，比上年74.2万t减少11.9万t，占全国工业COD总排放量303.9万t的20.5%，比上年减少2.5个百分点；万元工业产值（现价）化学需氧量（COD）排放强度为9kg，比上年降低18.2%。

5.1.1 废水的来源

1. 造纸废水的来源

（1）蒸煮黑液

蒸煮黑液即碱法制浆产生的黑液和酸法制浆产生的红液，是主要污染源。其治理方式主要是综合利用，治理效果取决于碱回收的程度和木质素等的提取。我国绝大部分造纸厂采用碱法制浆而产生黑液，这里将黑液作为主要的研究对象。

黑液中所含的污染物占造纸工业污染排放总量的90%以上，且具有高浓度和难降解的特性，它的治理一直是一大难题。黑液中的主要成分有三种，即木质素、聚戊糖和总碱。木质素是一类无毒的天然高分子物质，作为化工原料具有广泛的用途，聚戊糖可用作牲畜饲料。

（2）中段废水

制浆中段废水是指经黑液提取后的蒸煮浆料在筛选、洗涤、漂白等过程中排出的废水，颜色呈深黄色，占造纸工业污染排放总量的8%～9%，吨浆COD负荷310kg左右。中段水浓度高于生活污水，BOD（生化需氧量）和COD（化学需氧量）的比值为0.20～0.35，可生化性较差，有机物难以生物降解且处理难度大。中段水中的有机物主要是木质素、纤维素、有机酸等，以可溶性COD为主。

（3）抄纸废水

抄纸工段废水又称白水，它来源于造纸车间纸张抄造过程。白水主要含有细小纤维、填料、涂料和溶解了的木材成分，以及添加的胶料、湿强剂、防腐剂等，以不溶性COD为主，可生化性较差，其加入的防腐剂有一定的毒性。白水水量较大，但其所含的有机污染负荷远远低于蒸煮黑液和中段废水。现在几乎所有造纸厂的造纸车间都采用了部分或全封闭系统以降低造纸耗水量，节约动力消耗，提高白水回用率，减少多余白水的排放。

造纸用水封闭循环就是在造纸过程中连续大量循环使用白水的基础上，用有效的方式处理过剩的白水和废水，把白水中的固体悬浮物（细小纤维、填料）、溶解物质和胶体物质的含量降低到生产过程中允许的使用范围内，以代替新鲜水循环使用。造纸工业的废水大部分来自制浆过程的中段废水，废水重复利用率越高，中段废水污染物的浓度也越高，对生产造成的影响也越大。在目前报道的"零排放"纸厂中，水耗在$1\sim3m^3/t$纸范围。"零排放"是制浆造纸清洁生产的最高指标，要实现"零排放"，必然要实现废水的全封闭循环，但在全封闭循环过程中，水中的溶解物、胶体物和悬浮物浓度的大幅增加，导致抄纸系统原有的化学平衡发生变化，抄纸化学环境逐渐恶化。在实施"零排放"的纸厂中，常出现一些异常情况，例如，由于细小物质在用水中积累，纸浆在网部的滤水性能下降，产品出现异味，设备和管道腐蚀加快，纸浆悬浮液温度升高，阴离子垃圾的增加造成湿部添加化学品增加或失效，生产车速降低等等。

良好的水处理系统对于生产用水的封闭循环来说至关重要，一些"封闭循环"的企业由于没有合适的水处理系统，不得不定期排放污水，无法真正做到封闭循环。最主要的造纸废水是白水，稳定湿部化学最重要的对策是在水回用过程中除去水中的干扰物质。水回用的第二个关键是处理混合污水，混合污水都是进入抄纸厂的污水处理系统，经过物理、化学、生物处理后返回抄纸系统用于碎浆和浆料稀释。

2. 涂布白卡纸造纸废水的来源及处理流程

涂布白卡纸造纸过程中仅使用商品浆，没有蒸煮制浆过程，废水主要为纸机白水，主要来自纸机的网部、压榨部和真空系统的脱水。除此之外，还有少量的涂料废水和流送系统废水，流送系统废水主要来自高浓除渣器排渣（间歇式）、压力筛重杂质排放（间歇式）和末段除渣排渣（连续式）等所带出的水。白卡纸的面、衬、芯、底各层在网部的脱水，通过网部的接水盘、真空系统的白水收集槽收集分别送到流送系统的白水塔或机外白水槽，用作流送系统的冲浆水，实现白水的内循环利用。在内循环的基础上，多余白水和压榨部真空系统的脱水分别送到白水集中收集槽，然后送到白水回收装置——多圆盘过滤机，进行集中回收。多圆盘过滤机主要对纸机白水中的纤维、填料和白水进行回收。回收的清滤液用作碎浆站的碎浆稀释水、纸机各碎浆机的碎浆稀释水、各种浆浓度调节的调节水等，超清滤液用作网部和压榨部相关导辊的喷淋水等，多余的白水送到白卡纸废水处理系统。

5.1.2 废水的特性

涂布白卡纸纸机综合废水中所含物质包括溶解物（DS）、胶体物（CS）和悬浮固形物（SS）。其中DS和CS来自纤维原料、生产用水和生产过程中所添加的各种有机、无机添加剂及应用的化学药品，SS主要来自细小纤维、填料或颜料。涂布白卡纸生产过程添加的有机物主要为作为施胶剂或助留剂、助滤剂等添加的各种聚合物；无机物包括各种金属阳离子和阴离子，以及作为填料或涂料加入的碳酸钙、滑石粉、高岭土等。

涂布白卡纸造纸综合废水主要由悬浮物（SS）、化学需氧量（COD）、生化需氧量（BOD）和色度四个指标来表征。COD和BOD的高低主要与白卡纸芯层所用原料有关，如白卡纸全用漂白商品化学浆，则废水的污染物浓度较低，但当白卡纸芯层采用机械浆时，则废水的污染物浓度较高。涂布白卡纸造纸综合废水的COD_{Cr}一般为600～2500mg/L，BOD_5一般为400～1500mg/L，SS一般为500～2000mg/L，pH值为6～8。

另外，涂布白卡纸还会产生涂料废水，而涂料废水的特点是废水量小、污染物浓度高。涂料废水是在涂布过程清洗配料系统或更换品种清洗系统的过程中产生的，根据涂布纸厂的经验，配制出来的涂料最终会有2%～15%成为废水，即使在大型的、品种单一、很少进行品种更换且生产效率高的涂布纸厂，涂料流失率通常也有2%～6%。纸张涂布涂料废水中主要含有颜料（高岭土、碳酸钙等）、胶粘剂（胶乳、CMC、淀粉等）和少量助剂（分散剂、消泡剂等）等，该类废水的污染物浓度高，通常废水的SS不低于2000mg/L，COD_{Cr}为2000～5000mg/L，BOD_5为1000～2500mg/L甚至更高。因此，如果不能妥善处理好此类废水，必将对环境造成严重的污染。

涂布白卡纸纸机综合废水和涂布白卡纸的涂料废水，是两个性质完全不同的废水，它们的处理可以分为三种方式：一是分开单独处理，各自达到排放要求；二是先对涂料废水进行预处理，再将其与白卡纸纸机综合废水混合进行处理；三是涂料废水直接与白卡纸纸机综合废水混合进行处理。由于涂料废水的废水量较小，现在企业一般采用后两种处理方式，而采用最多的是最后一种处理方式。

5.2 造纸废水处理方法及原理

造纸废水处理就是采用各种方法将废水中所含的污染物质分离出来，或将其转化为无害、稳定的物质，从而使废水得以净化。如对于碱法化学浆，造纸企业基本都采用碱回收技术处理造纸黑液，用好氧生化技术处理综合废水的工艺路线，其中的好氧生化处理大多采用完全混合活性污泥处理工艺，根据原水水质情况，部分企业在好氧生化前采用水解预处理来降低进入好氧单元的污染负荷；对于化机浆，造纸企业将各工序废水经源头治理（纤维回收）和充分回用后，把剩余部分排入末端治理系统，末端治理采用厌氧–好氧处理工艺，其中的厌氧单元多采用IC反应器、UASB反应器等设备，好氧单元则采用完全混合活性污泥技术；对于废纸浆，造纸企业根据综合废水水质情况多采用混凝沉淀（气浮）–好氧生化、厌氧（水解）–好氧生化处理技术；对于商品浆，造纸企业将废水经源头治理（纤维回收）和充分回用后，多采用好氧生化处理技术处理剩余部分。随着新修订《制浆造纸工业水污染物排放标准》（GB3544—2008）的出台，对废水治理规范的加严，国内制浆造纸企业大多在生化处理后新增了深度处理措施。行业内采用较多的运行稳定的技术主要有混凝沉淀和Fenton氧化技术，这两种技术均取得了较好的效果。处理制浆造纸废水的主要工艺流程包括源头治理和末端治理两部分，其中的末端治理系统包括一级、二级和深度处理单元，各级处理工艺的选择应根据实际水质情况和处理要求，经分析论证后具体确定。下面介绍常用的处理方法及原理。

5.2.1 物理处理法

物理处理法是指用机械的、物理的手段去除废水中悬浮状态的污染物，常作为废水的预处理。主要指使用机械过滤（如利用格栅、筛网、微滤机、膜分离、滤床等）、澄清（又名沉淀）、气浮（又名浮选）等方法，去除废水中不溶解的、粒径较大的杂质，以回收废水中的纤维、降低生化系统负荷。

格栅、筛网等一般用以去除碎浆过程中纸浆携带的较大的砂石、铁丝、玻璃、塑料包装等粗杂质。对于废水中含有的大量细小纤维，目前国内造纸厂常用斜筛或过滤机等纤维回收设备进行回收。

沉淀设施主要是沉淀池，有平流式、竖流式和幅流式三种。其中平流式沉淀池最为常用，但由于其过水断面大，水流处于湍流状态，水流短路，不利于废水中悬浮物的下沉，造成了生产能力不大、设备庞大、处理效率低等问题。后来出现的斜板（斜管）沉淀池，在沉淀区装设一组倾斜的平行板或方形管，互相平行重叠在一起，水流从平行板或方形管的一端流到另一端，每两块斜板间相当于一个很浅的沉淀池，从而较好地提高了处理效率。

气浮法是一种有效的固-液和液-液分离方法，将空气以微小气泡的形式通入水中，使微小气泡与在水中悬浮的颗粒黏附，形成水-气-颗粒三相混合体系，其因密度小于水而上浮水面，从而形成浮渣层使悬浮颗粒从水中分离出去。加压溶气浮上法是目前常用的气浮法。近年来发展的超效浅层气浮是气浮净化技术的重大突破，将原有的静态进水、动态出水改为动态进水、静态出水，改变了传统推流式气浮池的进出水方式及污泥分离方式。尤其对于植物纤维等疏水性很强的物质，不投加化学药剂（如混凝剂、助凝剂等）即可获得满意的固（液）-液分离效果。实践证明，超效气浮对SS的去除率能达到90%以上，特别适合废纸造纸废水的预处理，在中等规模以上废纸造纸生产废水的预处理上具有一定的优越性。

下面介绍几种常用的物理方法。

5.2.1.1　吸附法

吸附法是利用吸附剂巨大的比表面积及其一定的吸附性能，对造纸废水中的有机物进行分离。常用的吸附法有：黏土吸附法、粉煤灰吸附法、活性炭吸附法和水解吸附法。活性炭作为吸附剂广泛用于废水处理中，以去除引起气味的有机物。活性炭作为吸附剂的最大优点是能够再生（达30次或更多次），而吸附容量却不会有明显的损失。

5.2.1.2　膜分离法

（1）超滤膜

超滤是一种以压力差为推动力，按粒径选择分离溶液中所含微粒和大分子的膜分离操作。荷负电性较高的磺化类膜及低截分子量的超滤膜对造纸黑液具有较好的超滤特性；动态实验下超滤膜的超滤特性优于静态实验。

（2）微滤膜

微滤膜系统将污水中尺寸大于膜微孔孔径的絮聚体和悬浮物截留在膜纤维微孔外部，而水在压力驱动下穿过纤维壁，从而实现水与絮聚体和悬浮物的分离，达到去除废水中絮聚体和悬浮物的目的。

（3）纳滤膜

纳滤技术介于反渗透和超滤之间。在造纸工业中，用纳滤膜对木浆漂白液进行处理，可有效去除氯代木质素和90%以上的COD高色度物质。用陶瓷纳滤膜处理纸厂漂白废水，可实现造纸用水封闭式循环。

5.2.1.3 气浮法

气浮法是白水处理中较常用的方法。白水中所含的物质为短纤维、填料、胶状物以及溶解物，将其经过调节后在气浮池内与减压后的溶汽水混合，进行气浮操作过程。完成分离后，清水入清水池供纸机回用，短纤维进入浆池供造纸机回用。气浮法在我国造纸企业中有较广的应用。

5.2.1.4 过滤法

应用于白水处理的过滤法常见的有两种：真空过滤法和微滤法。真空过滤法具有过滤速度快、处理量大、工艺过程稳定、占地面积小、基建费用少、运行费用低等特点，处理后的白水可直接用于造纸过程。近年来国内的一些大型造纸企业大力推广真空过滤机，使得白水的处理与循环回用的程度大大提高。

微滤法采用的过滤介质为不锈钢丝网或化纤网，用户可根据废水种类、浓度等选择其过滤孔径的大小，最小孔径当量可小于20μm。其优点在于工艺简单、占地少、投资省；过滤能力大、效率高、运行费用低、操作极其简便。

5.2.1.5 过滤吸附法

过滤吸附法是一种新的工业废水处理工艺，它利用废（污）水与混凝剂反应生成絮凝物（即污泥），在废（污）水经过设备时絮凝物在设备内形成一个过滤泥床，使废水得到过滤与吸附双重处理。采用过滤吸附法，废水污染物去除效率能得到大幅度提高，其中造纸中段废水、纸张涂布废水（涂料废水）中的悬浮物（SS）的去除率大于98%，COD去除率大于85%，BOD去除率大于75%。

5.2.2 化学处理法

化学处理法是指加入一种或几种化学药品，使废水中的污染物形态发生变化，从而达到易于分离的目的。它的处理对象主要是污水中无机的或是有机的（难于生物降解的）溶解物质或胶体物质。常见的有化学混凝法、中和法、化学沉淀法、氧化还原法等方法。

化学混凝法主要靠压缩双电层作用、吸附架桥作用、网捕作用来使废水中的微小悬浮物和胶体产生凝聚和絮凝，使之形成大的具有良好沉淀性能的絮凝体从而将其从废水中除去。常用的混凝剂有无机盐类混凝剂如铝盐（硫酸铝、明矾等）、铁盐（三氯化铁、硫酸亚铁、硫酸铁等），高分子混凝剂如无机高分子混凝剂聚合氯化铝（PAC）、聚合氯化铁（PFC）和有机高分子混凝剂聚丙烯酰胺（PAM）等。

化学氧化法所采用的氧化剂主要有高锰酸钾、次氯酸钠、Fenton试剂、臭氧等。对于不同性质的废水，使用不同氧化剂所取得的效果差异较大。研究表明，高锰酸钾是良好的预处理剂，而次氯酸钠则是较好的深度处理剂。Fenton试剂以过氧化氢为氧化剂，以亚铁盐为催化剂，当两种试剂在一起时会生成羟基自由基，该自由基具有很高的氧化电位，进攻性很强，而且该反应不需要特制的反应系统，也不会分解产生新的有害物质。

废水净化的电化学方法是新型水处理技术，其实质是直接或间接地利用电解作用，把水中的污染物去除，或把有毒物质转化为无毒、低毒物质。

下列介绍几种常用的化学处理方法。

5.2.2.1 絮凝法

高分子絮凝剂具有良好的絮凝、脱色能力并且使用、操作方便，主要可分为合成的无机高分子絮凝剂、有机高分子絮凝剂和天然有机高分子絮凝剂三大类。一般来讲，絮凝剂的分子量越大，絮凝活性越高。

5.2.2.2 水热氧化法

水热氧化技术是一种非常有效的新型化学氧化技术，它是在高温高压的操作条件下，用空气或氧气以及其他氧化剂，在热水箱中将造纸废水中的溶解态和悬浮态有机物或者还原态无机物氧化分解的一种方法。水热氧化技术的明显特征就是反应在热水箱中进行，所以能耗较高。

5.2.2.3 光催化氧化

由于TiO_2具有无毒、化学稳定性好、光催化活性高等优点，已被广泛应用于各种有毒、有害且生物难降解的有机物的光催化降解过程。研究表明，TiO_2光催化氧化可有效降解制浆废水中的酚类有机物。另外，光催化氧化法对于造纸废水中的二恶英等有毒且难被生物降解的有机物，有很好的降解作用。光催化处理废水的方法简单，占地面积小，又能避免传统处理方法所带来的二次污染问题，是一种很有发展前途的废水处理技术。

5.2.2.4 湿式氧化法

湿式氧化法是在高温（150～350℃）高压（5～20MPa）下用氧气或空气作为氧化剂，氧化水中的溶解态或悬浮态有机物或还原态无机物，使之生成二氧化碳和水的一种处理法。

5.2.2.5 高级化学氧化法

造纸废水中有毒的、难以生物降解的物质的存在影响了生物处理方法的处理效果，这时可以采用高级化学氧化的方法进行处理。高级化学氧化工艺泛指反应过程中有大量羟基自由基参与的化学氧化过程。对于造纸废水而言，可采用非均相光催化氧化，以太阳光作为反应光源，且氧化剂成本低。

高级氧化技术又称做深度氧化技术，以产生具有强氧化能力的羟基自由基（·OH）为特点，在高温高压、电、声、光辐照、催化剂等反应条件下，使大分子难降解有机物氧化成低毒或无毒的小分子物质。根据产生自由基的方式和反应条件的不同，可将其分为光化学氧化、催化湿式氧化、声化学氧化、臭氧氧化、电化学氧化、Fenton氧化等，下面重点介绍Fenton氧化法。

（1）Fenton氧化法

Fenton法在处理难降解有机污染物时具有独特的优势，是一种很有应用前景的废水处理技术，一般用于处理难降解有机废水。1894年，英国人H.J.H.Fenton发现采用Fe^{2+}/H_2O_2体系能氧化多种有机物。后人为纪念他，将亚铁盐和过氧化氢的组合称为Fenton试剂。它能有效氧化去除传统废水处理技术无法去除的难降解有机物，其反应的实质是H_2O_2在Fe^{2+}的催化作用下生成具有高反应活性的羟基自由基（·OH），羟基自由基可与大多数有机物作用，使其降解。随着研究的深入，又把紫外光（UV）、草酸盐（$C_2O_4^{2-}$）等引入Fenton试剂中，使其氧化能力大大增强。从广义上说，Fenton法是利用催化剂，或光辐射，或电化学的作用，通过H_2O_2产生羟基自由基（·OH）处理有机物的技术。从发展历程来看，Fenton法基本上是沿着光化学和电化学两条路线向前发展的。Fenton法在处理难降解有机废水时，具有一般化学氧化法无法比拟的优点，至今已成功运用于多种工业废水的处理。但H_2O_2价格昂贵，单独使用往往成本太高，因而在实际应用中，通常是与其他处理方法联用，将其用于废水的预处理或最终深度处理。用少量Fenton试剂对工业废水进行预处理，使废水中的难降解有机物发生部分氧化，改变它们的可生化性、溶解性和混凝性能，以利于后续处理。另外，一些工业废水经物化、生化处理后，水中仍残留少量的生物难降解有机物，当水质不能满足排放要求时，可采用Fenton法对其进行深度处理。特别适用于生物难降解或一般化学氧化难以奏效的有机废水，如垃圾渗滤液的氧化处理。Fenton法处理垃圾渗滤液的影响因素主要为pH、H_2O_2的添加量和铁盐的添加量。

（2）类Fenton法

类Fenton法就是利用Fenton法的基本原理，将UV、O_3和光电效应等引入反应体系，因此，从广义上讲，除Fenton法外通过H_2O_2产生羟基自由基处理有机物的其他所有技术都可称为类Fenton法。作为对Fenton氧化法的改进的方法，类Fenton法的发展潜力更大。

5.2.2.6　碱回收处理法

碱回收处理法是目前解决黑液问题比较有效的方法，通过黑液提取、蒸发、燃烧、苛化四个主要工段，可将黑液中的SS、COD、BOD一并彻底去除，并可回收碱，产生二次蒸汽（能量）。然而，碱回收系统的技术要求高，设备投资较高，由于中小型造纸厂一般无力承担建设碱回收系统所需的高额费用，碱回收系统目前仅主要应用于大型造纸厂。此外，草浆厂产生的白泥中硅的含量高，不易回烧成石灰，有可能造成二次污染。

5.2.3 生物处理法

生物处理法就是在人工创造的有利于微生物生命活动的环境中，使微生物大量繁殖，通过微生物的新陈代谢作用氧化降解废水中的有机物质，使有害物质转化为无害物质的过程。生物处理是废纸造纸生产废水处理的二级处理技术，按微生物是否需要供氧分为厌氧法和好氧法；按生物处理工艺过程可分为活性污泥法（悬浮生长系统）和生物膜法（附着生长系统），其中生物膜法可分为生物滤池、生物转盘、生物接触氧化法、生物流化床等方法。

废水的厌氧处理是厌氧菌在厌氧条件下消化有机物的过程，消化过程分为酸化阶段和产甲烷阶段。在酸化阶段要使废水具有良好的pH缓冲能力，以防止产酸菌分解有机物的产生的大量有机酸使pH过度下降导致反应器"酸化"，生产中可通过加入碳酸氢钠等缓冲剂增加废水的缓冲能力。厌氧处理一般采用水解酸化或完全厌氧反应器（UASB、IC等）。根据生化进水浓度的高低，选择将厌氧处理控制在水解酸化阶段或完全厌氧阶段。厌氧处理具有耐冲击负荷、COD去除率高、动力消耗低、运行费用低、污泥产量低等优点，同时还能产生沼气等副产品，近年来得到了广泛应用，可用于污泥的消化，高浓度、高温废水的处理。

废水的好氧生物处理法是在给废水供氧以使之有一定的溶解氧浓度的条件下，使好氧微生物进行氧化降解有机物的方法。（好氧）活性污泥法主要通过向废水曝气的方式使废水溶解适量的氧，曝气可采用鼓风曝气或是机械曝气。近年发展的序批式活性污泥反应器（SBR），通过自动控制系统依次完成充水、曝气、沉淀、排水、静置五个阶段，使厌氧、好氧反应的交替进行，有效地控制了污泥膨胀。生物接触氧化法是生物膜法中的一种常用的好氧处理方法，其原理是在曝气池中安装固定填料，废水在压缩空气的带动下，同填料上的生物膜不断接触，同时压缩空气提供氧气。实践证明，生物接触氧化法能够较好地处理废水，但在实际应用中，其挂膜的效果和生物膜的优劣直接决定处理效果。

下面介绍几种常用的生物处理方法。

5.2.3.1　好氧生物处理法

好氧生物处理法即在有氧条件下，借助好氧微生物（主要是好氧菌）的作用来降解污染物的方法。造纸废水含大量有机物，可生化性好，用好氧生物处理造纸废水一般可得到很好的效果。常用的好氧处理方法有活性污泥法、生物膜法、生物接触氧化、生物流化床等方法。

5.2.3.2　厌氧生物处理法

厌氧生物处理法是利用兼性厌氧菌和专性厌氧菌在无氧的条件下降解有机污染物的处理技术。在厌氧生物处理过程中，复杂的有机化合物被降解和转化为简单、稳定的化合物，同时释放能量，其中大部分能量以甲烷的形式出现。厌氧法适用于石灰草浆蒸煮废液、碱法制浆废水等。目前开发出的有厌氧塘法、厌氧滤床法、厌氧流动床法、厌氧膨胀床法、厌氧旋转圆盘法、厌氧池法、升流式厌氧污泥床（UASB）法等。通常使用的厌氧处理装置有厌氧流化床（AFB）、折流式厌氧反应器（ABR）、上流式厌氧污泥床（UASB）以及毛发载体生物膜装置。厌氧法的操作条件要比好氧法苛刻，但具有更好的经济效益，因此也具有重要的地位。

5.2.4　造纸废水的综合处理

5.2.4.1　厌氧−好氧组合处理法

厌氧−好氧组合处理工艺能充分发挥厌氧微生物在处理高浓度、高负荷废水与回收有效能源上的优势，同时也能利用好氧微生物生长速度快、处理水质好的优点。组合处理工艺运行费用省，剩余污泥量少，对于难降解的有机物有改性作用，可以提高废水的可生化性。另外，厌氧状态能抑制丝状菌的生长，防止污泥膨胀，特别适用于高浓度有机废水的处理。

5.2.4.2　物化和生化结合法

化学沉淀法、曝气、活性污泥、厌氧处理都可以用来处理造纸废水，而且这些方法结合起来也是适用的。研究表明，采用SBR+物化法处理造纸中段水，投资低、运行费用低，纸厂外排水质稳定达标，治理费用在厂家可接受的范围内。

对于吨纸废水排放量较低、废水含COD较高的大中型废纸造纸企业，通过单级气浮或沉淀的物化方法达到国家一级排放标准有较大的难度，因为可溶性COD、BOD主要需通过生化方法才能有效去除。一般，当执行$COD_{Cr} \leqslant 100mg/L$的排放标准时，原水$COD_{Cr}$的质量浓度应为600~800mg/L；当执行$COD_{Cr} \leqslant 150mg/L$的排放标准时，原水$COD_{Cr}$的质量浓度应为800~1000mg/L。因此，在原水SS和COD浓度较高时，应在一级物化处理之后再用生化方法进行处理，使处理出水最终达到国家排放标准的要求。

物化加生化处理方法的典型工艺流程如下：

废水→筛网→调节→沉淀或气浮→A/O或接触氧化→二沉池→排放

A/O（缺氧-好氧）处理工艺，利用缺氧段微生物的选择作用，对有机物进行吸附，吸附在微生物体的有机物则在好氧段被氧化分解。因此A段停留时间短，为40~60min。由于A段微生物对有机物的筛选和吸附作用，能有效地抑制O段丝状菌生长，控制污泥膨胀。当废水经过混凝沉淀或气浮处理后，A/O工艺的有机负荷为0.5kgCOD/（kgMLSS·d）时，其COD去除率可达90%左右。宁波中华纸业有限公司的废纸造纸废水的COD_{Cr}在1500~3000mg/L，经混凝沉淀+A/O生化法处理，出水COD_{Cr}为60~100mg/L，各项指标均达到国家排放标准的要求。

造纸废水的处理方法很多，但每种方法和工艺都有适用条件，各有其优点和不足。即使是非常先进的处理方法，也不可能独立完成处理任务。往往需要把几种方法组成一个处理系统，才能达到所要求的处理效果。一般来说，废水中的污染物是多种多样的，也有各自最佳的处理方法，可根据不同水质，并结合企业自身情况，选择最合适的废水处理系统。

5.3 造纸废水处理主要设备及药品

造纸废水处理工艺一般分为预处理工序、生物处理工序、深度处理工序和污泥脱水工序及化药系统，深度处理工序又分为以提高排水水质为目标和以回用为目标的处理工艺。

随着计算机技术的普及和清洁生产技术的开展以及新材料的开发，污水处理设备将向着高自动化程度和节能环保的方向发展，设备的稳定性、可靠性和防腐性能也会大幅提高，国产设备的性能和质量将会更靠近进口设备。下面分别论述造纸废水工艺中使用的主要设备和药品。

5.3.1 造纸废水处理工艺的主要设备

5.3.1.1 格栅机

格栅机是一种可连续清除流体中杂物的固液分离设备，是造纸废水处理工艺中不可缺少的专用设备，也是目前国内普遍采用的固液筛分设备，主要作用是去除生产线排下来的废水中所夹带的粗大颗粒或物块，防止造成工艺过程中的堵塞。格栅机分为人工格栅和机械格栅。在造纸厂的废水处理系统中和生产车间一般会用到多个格栅机。

5.3.1.2 搅拌器

造纸废水处理中用到的搅拌器很多，不仅仅是预处理工序，基本上各工序都要用到，作用主要是：加快药剂溶解，在反应池（器）中使反应物充分接触，防止悬浮物（污泥）沉淀等。

搅拌器的种类繁多，在造纸废水处理中常用的有桨式搅拌器、框式搅拌器、双曲面搅拌器、潜水搅拌器等。

5.3.1.3 刮泥机

刮泥机用于沉淀池或污泥浓缩池，包括预处理工序的初沉池和生物处理工序的二沉池，用以排除沉降于池底的污泥，也可用以撇除池面的浮渣。

周边传动刮泥机用于辐流式沉淀池，桁车式刮泥机用于平流式沉淀池，中心传动刮泥机主要用于污泥浓缩池，也可用于小型辐流式沉淀池。

5.3.1.4 泵

泵的种类繁多，而每一类泵又有多至数十个型号，泵的选用很重要，选型原则：

（1）使所选泵的型号和性能符合装置流量、扬程、压力、温度、汽蚀流量、吸程等工艺参数的要求。

（2）必须满足介质特性的要求。对输送易燃、易爆、有毒或贵重介质的泵，要求轴封可靠或采用无泄漏泵，如磁力驱动泵、隔膜泵、屏蔽泵；对输送腐蚀性介质的泵，要求对流部件采用耐腐蚀性材料；对输送含固体颗粒介质的泵，要求对流部件采用耐磨材料，必要时轴封用采用清洁液体冲洗。

（3）有计量要求时，选用计量泵。

（4）扬程要求很高，流量很小且无合适的小流量高扬程离心泵可选用时，可选用往复泵，如汽蚀要求不高时也可选用旋涡泵。

（5）扬程很低，流量很大时，可选用轴流泵和混流泵。

（6）介质黏度较大（650～1000mm²/s）时，可考虑选用转子泵或往复泵（齿轮泵、螺杆泵）。

（7）介质含气量75%，流量较小且黏度小于37.4mm²/s时，可选用旋涡泵。

（8）对启动频繁或灌泵不便的场合，应选用具有自吸性能的泵，如自吸式离心泵、自吸式旋涡泵、气动（电动）隔膜泵。

5.3.1.5 冷却塔

浆板碎解时可能需要一定的水温，导致造纸车间排出的废水可能会高于微生物所适应的温度，所以在造纸废水的处理过程中，部分厂家需要安装冷却塔进行降温。冷却塔装置如图5-1所示。

图5-1 冷却塔

冷却塔是利用水与空气流动接触进行冷热交换产生蒸汽，蒸汽挥发带走热量，利用蒸发散热、对流传热和辐射传热等原理来散去工业上或制冷空调中产生的余热来降低水温的蒸发散热装置，以保证系统的正常运行。装置一般为桶状，故名为冷却塔。通俗地说，就是水与空气接触进行热交换的设备。冷却塔的材质多采用玻璃钢。

对废水进行降温的冷却塔是废水由上向下流动，而空气由下向上流动进行热交换，空气带走热量，而废水得到降温进入废水微生物处理工序进行生物反应，不像其他冷却系统那样水作冷却剂循环利用。

5.3.1.6 厌氧反应器

当废水中污染物浓度较高或污染物分子链较长时，单纯采用好氧处理工艺不足以达到废水处理要求，因此常在好氧反应前先采用厌氧工艺将废水中的污染物分子链打断变成易降解的物质，并降低污染物浓度，以便于更易进行好氧反应。下面重点介绍UASB厌氧反应器和IC厌氧反应器，它们分别是第二代和第三代厌氧反应器的代表，其他厌氧反应器均是在这基础上发展起来的。

1. UASB厌氧反应器

（1）原理

UASB反应器中废水被尽可能均匀地引入反应器的底部，污水向上通过包含颗粒污泥或絮状污泥的污泥床。厌氧反应发生在废水和污泥颗粒接触的过程中。在厌氧状态下产生的沼气（主要是甲烷和二氧化碳）引起了内部的循环，这对于颗粒污泥的形成和维持有利。在污泥层形成的一些气体附着在污泥颗粒上，附着和没有附着的气体向反应器顶部上升。上升到表面的污泥撞击三相反应器气体发射器的底部，引起附着气泡的污泥絮体脱气。气泡释放后污泥颗粒将沉淀到污泥床的表面，附着和没有附着的气体被收集到反应器顶部的三相分离器的集气室。置于集气室单元缝隙之下的挡板的作用是作为气体发射器和防止沼气气泡进入沉淀区，否则将引起沉淀区的絮动，导致颗粒沉淀受到阻碍。包含一些剩余固体和污泥颗粒的液体经过分离器缝隙进入沉淀区。

由于分离器的斜壁沉淀区的过流面积在接近水面时增加，因此废水的上升流速在接近排放点降低。由于流速的降低，污泥絮体在沉淀区可以絮凝和沉淀。三相分离器上的污泥絮体累积到一定程度后将滑回反应区，这部分污泥又将与进水中的有机物发生反应。

（2）构造

UASB反应器包括以下几个部分：进水和配水系统、反应器的池体和三相分离器。

在UASB反应器中最重要的设备是三相分离器，这一设备安装在反应器的顶部并将反应器分为下部的反应区和上部的沉淀区。为了在沉淀区中取得对上升流中污泥絮体/颗粒的满意的沉淀效果，三相分离器第一个主要的目的就是尽可能有效地分离污泥床/层中产生的沼气，特别是在高负荷的情况下。在集气室下面反射板的作用是防止沼气通过集气室之间的缝隙溢出到沉淀室，另外挡板还有利于减少反应室内高产气量所造成的液体絮动。根据反应器的设计，只要污泥层没有膨胀到沉淀器，污泥颗粒或絮状污泥就能滑回到反应室（应该认识到有时污泥层膨胀到沉淀器中不是一件坏事。相反，存在于沉淀器内的膨胀的泥层将网捕分散的污泥颗粒/絮体，同时它还对可生物降解的溶解性COD起到一定的去除作用）。另外，预留一定可供污泥层膨胀的自由空间，以防止重的污泥在暂时性的有机或水力负荷冲击下流失是很重要的。水力和有机（产气率）负荷率两者都会影响到污泥层以及污泥床的膨胀。UASB系统原理是在形成沉降性能良好的污泥凝絮体的基础上，并结合在反应器内设置的污泥沉淀系统使气、液、固三相得到分离。形成和保持沉淀性能良好的污泥（其可以是絮状污泥或颗粒型污泥）是UASB系统良好运行的基础。

2. IC厌氧反应器

（1）简介

UASB厌氧反应器与IC厌氧反应器在运行上最大的差别表现在抗冲击负荷方面，IC厌氧反应器可以通过内循环自动稀释进水，有效保证了第一反应室进水浓度的稳定性。其次是它仅需要较短的停留时间，在处理可生化性好的废水时具有很大的优势。IC厌氧反应器具有运行稳定，抗冲击负荷效果好，容积负荷高，投资小等许多优点。特别是对于高SS进水，比UASB厌氧反应器有明显优势，由于IC厌氧反应器上升流速很大，SS不会在反应器内大量积累，污泥可以保持较高活性，即使对于有毒废水也是如此。

IC厌氧反应器的缺点是在污水可生化性不是太好的情况下，由于污水停留时间比较短，去除率远没有UASB高，增加了好氧处理的负担。另外，对进水水质不太稳定的厂，会由于IC厌氧反应器中的气体内循环导致出水量极不稳定，出水水质也相对不稳定，有时可能还会出现短暂不出水现象，对后序处理工艺是有影响的。而UASB的出水水质比IC厌氧反应器相对稳定。

IC厌氧反应器运行温度的设计完全和UASB厌氧反应器一样，在调试运行上和UASB厌氧反应器区别不大，只是在刚进水调试时应尽可能采用高水力负荷，然后逐步交互提升水力、有机负荷，尽可能在负荷提升过程中保证第一反应室上升流速大于10m/h，但最大水力负荷最好控制在20m/h以下，这样即保证第一反应室污泥床的传质效果，也避免污泥流失。冬季进水管道及反应器最好要进行保温，因为厌氧菌对温度波动特别敏感，而对负荷波动的适应能力要相对好得多。另外，IC的调试比UASB要容易得多，不会因为上升流速大而不好控制，从而延长调试周期。IC厌氧反应器对进水水质的要求仅是相对稳定就行，对于上升流速仅要求其使第一反应室污泥床处于膨化状态，从而加大传质效果。IC的高度较高，且内部有两层三相分离，因此不必太担心会有污泥流失。而且第一反应室产气量较大，绝大部分沼气被第一反应室分离、收集、提升到顶部的气水分离气包进行气与泥水的分离，第二反应室气量少，泥水更易分离沉降。若接种颗粒污泥基本一个月便可达到设计负荷，若接种絮状污泥则可能需三到五个月。

（2）工作原理

IC厌氧反应器类似由两层UASB反应器串联而成。按功能划分，反应器由下而上共分为5个区：混合区、第一厌氧区、第二厌氧区、沉淀区和气液分离区。

混合区：反应器底部进水、颗粒污泥和气液分离区回流的泥水混合物有效地在此区混合。

第一厌氧区：混合区形成的泥水混合物进入该区，在高浓度污泥作用下，大部分有机物转化为沼气。混合液上升流和沼气的剧烈扰动使该反应区内污泥呈膨胀和流化状态，加强了泥水表面接触，污泥由此而保持着高的活性。随着沼气产量的增多，一部分泥水混合物被沼气提升至顶部的气液分离区。

气液分离区：被提升的混合物中的沼气在此与泥水分离并导出处理系统，泥水混合物则沿着回流管返回到最下端的混合区，与反应器底部的污泥和进水充分混合，实现了混合液的内部循环。

第二厌氧区：经第一厌氧区处理后的废水，除一部分被沼气提升外，其余的都通过三相分离器进入第二厌氧区。该区污泥浓度较低，且废水中大部分有机物已在第一厌氧区被降解，因此沼气产生量较少。沼气通过沼气管导入气液分离区，对第二厌氧区的扰动很小，这为污泥的停留提供了有利条件。

沉淀区：第二厌氧区的泥水混合物在沉淀区进行固液分离，上清液由出水管排走，沉淀的颗粒污泥返回第二厌氧区污泥床。

从IC厌氧反应器工作原理中可见，反应器通过两层三相分离器来获得高污泥浓度；通过大量沼气和内循环的剧烈扰动，使泥水充分接触，获得良好的传质效果。

（3）优点

IC厌氧反应器的构造及其工作原理决定了其在控制厌氧处理影响因素方面比其他反应器更具有优势。

①容积负荷高：IC厌氧反应器内污泥浓度高，微生物量大，且存在内循环，传质效果好，进水有机负荷为普通厌氧反应器的3倍以上。

②节省投资和占地面积：IC厌氧反应器容积负荷率高出普通UASB反应器3倍左右，其体积相当于普通反应器的1/4～1/3，大大地降低了反应器的基建投资；而且IC厌氧反应器高径比很大（一般为4～8），所以占地面积少。

③抗冲击负荷能力强：处理低浓度废水（COD_{Cr}=2000～3000mg/L）时，反应器内循环流量可达进水量的2～3倍；处理高浓度废水（COD_{Cr}=10000～15000mg/L）时，内循环流量可达进水量的10～20倍。大量的循环水和进水充分混合，使原水中的有害物质得到充分稀释，大大降低了毒物对厌氧消化过程的影响。

④抗低温能力强：温度对厌氧消化的影响主要是对消化速率的影响。IC厌氧反应器由于含有大量的微生物，温度对厌氧消化的影响变得不再显著。通常IC厌氧反应器的厌氧消化可在常温条件（20～25℃）下进行，这样减少了消化保温的困难，节省了能量。

⑤具有缓冲pH值的能力：内循环流量相当于第一厌氧区的出水回流，可利用COD转化的碱度，对pH值起缓冲作用，使反应器内pH值保持最佳状态，同时还可减少进水的投碱量。

⑥内部自动循环，不必外加动力：普通厌氧反应器的回流是通过外部加压实现的，而IC厌氧反应器以自身产生的沼气作为提升的动力来实现混合液

内循环，不必设泵强制循环，节省了动力消耗。

⑦出水稳定性好：利用二级UASB厌氧处理器串联分级厌氧处理，可以补偿厌氧处理过程中Ks（最大比底物利用速率为一半时的底物浓度）高产生的不利影响。Van Lier在1994年证明，反应器分级会降低出水VFA浓度，延长生物停留时间，使反应进行稳定。

⑧启动周期短：IC厌氧反应器内污泥活性高，生物增殖快，为反应器快速启动提供有利条件。IC厌氧反应器启动周期一般为1～2个月，而普通UASB厌氧反应器启动周期长达4～6个月。

⑨沼气利用价值高：反应器产生的生物气纯度高，CH_4为70%～80%，CO_2为20%～30%，其他有机物为1%～5%，可作为燃料加以利用。

IC厌氧反应器当前在造纸行业应用较多的是以各类废纸做原料的造纸企业，处理的目的包括实现一般的达标排放，通过治理后的废水回用，达到节水和治污的双重目的。

5.3.1.7 污泥脱水设备

1. 带式压滤机

带式压榨过滤机主要由驱动装置、机架、压榨辊、上滤带、下滤带、滤带张紧装置、滤带清洗装置、卸料装置、气控系统、电气控制系统等组成，如图5-2所示。

图5-2　带式压滤机

经过浓缩的污泥与一定浓度的絮凝剂在静、动态混合器中充分混合以后，污泥中的微小固体颗粒聚凝成体积较大的絮状团块，同时分离出自由水。絮凝后的污泥被输送到浓缩重力脱水的滤带上，在重力的作用下自由水被分离，形成不流动状态的污泥，然后夹持在上下两条网带之间，经过楔形预压区、低压区和高压区由小到大的挤压力、剪切力作用下，逐步挤压污泥，以达到最大程度的泥、水分离，最后形成滤饼排出。

带式压榨过滤机脱水过程可分为预处理、重力脱水、楔形区预压脱水及压榨脱水四个重要阶段。

（1）化学预处理脱水

为了提高污泥的脱水性，改良滤饼的性质，增加物料的渗透性，需对污泥进行化学处理。带式压滤机使用独特的"水中絮凝造粒混合器"的装置以达到化学加药絮凝的作用，该方法不但絮凝效果好，还可节省大量药剂，运行费用低，经济效益十分明显。

（2）重力浓缩脱水段

污泥经布料斗均匀送入网带，污泥随滤带向前运行，游离态水在重力作用下通过滤带流入接水槽。重力脱水也可以说是高度浓缩段，主要作用是脱去污泥中的自由水，使污泥的流动性减小，为进一步挤压做准备。

（3）楔形区预压脱水段

重力脱水后的污泥流动性几乎完全丧失，随着带式压滤机滤带的向前运行，上下滤带间距逐渐减少，物料开始受到轻微压力，并随着滤带运行，压力逐渐增大。楔形区的作用是延长重力脱水时间，增加絮团的挤压稳定性，为进入压力区做准备。

（4）挤压辊高压脱水段

物料脱离楔形区后进入压力区，物料在此区内受挤压，沿滤带运行方向，压力随挤压辊直径的减少而增加，物料因受到挤压体积收缩，物料内的间隙游离水被挤出，此时，基本形成滤饼。继续向前至压力尾部的高压区经过高压后滤饼的含水量可降至最低。

2. 板框式压滤机和厢式压滤机

板框式压滤机主要由固定板、滤框、滤板、压紧板和压紧装置组成，外观与厢式压滤机相似，如图5-3。制造板、框的材料有金属、木材、工程塑料和橡胶等，并有各种形式的滤板表面槽作为排液通路，滤框是中空的。多块滤板、滤框交替排列，板和框间夹过滤介质（如滤布），滤框和滤板通过两个支耳，架在水平的两个平等横梁上，一端是固定板，另一端的压紧板在工作时通过压紧装置压紧或拉开。压滤机通过在板和框角上的通道或板与框两侧伸出的挂耳通道加料和排出滤液。滤液的排出方式分明流和暗流两种，在过滤过程中，滤饼在框内集聚。一般板框式压滤机的工作压力为0.3～0.5MPa，压滤机工作压力为1～2MPa.

图5-3　板框式压滤机

板框式压滤机对于滤渣压缩性大于或近于不可压缩的悬浮液都能适用。适合的悬浮液的固体颗粒浓度一般为10%以下，操作压力一般为0.3～1.6MPa，特殊的可达3MPa或更高。过滤面积可以随所用的板框数目增减。板框通常为正方形，滤框的内边长为200～2000mm，框厚为16～80mm，过滤面积为1～1200m²。板与框用手动螺旋、电动螺旋和液压等方式压紧。板和框用木材、铸铁、铸钢、不锈钢、聚丙烯和橡胶等材料制造。

板框式压滤机是很成熟的脱水设备，在欧美早期的污泥脱水项目上应用很多，板框压滤机的结构较简单，操作容易，稳定，过滤面积选择范围灵活，单位过滤面积占地较少，过滤推动力大，所得滤饼含水率低，对物料的适应性强，适用于各种污泥。

板框式和厢式结构上基本是一样的，不同之处主要体现在滤板结构上。板框式压滤机，由一块实心滤板（板）与一块中空滤板（框）交替组合成滤室；厢式压滤机由相同的实心滤板排列组成滤室。每块滤板都有凹进的两具表面，两块滤板压紧后组成滤室。滤板是压滤机的核心部件，滤板材质、形式及质量不同，会直接影响到最终产品的质量。

5.3.2　造纸废水处理所用的药品

在造纸废水的处理过程中所使用的药品较多，包括预处理工序中起絮凝剂和助凝剂作用的聚合氯化铝、硫酸亚铁、阴离子聚丙烯酰胺；污泥脱水工序中起絮凝作用的阳离子聚丙烯酰胺和聚合氯化铝；深度处理工序中起化学氧化剂作用的芬顿试剂（双氧水、硫酸亚铁）和溴氧；在生化反应工序中作微生物营养剂的N、P、K，起中和作用的酸和碱。另外，还有各研发公司自行命名的，将以上絮凝剂或营养剂进行改性制得的絮凝剂、助凝剂和微生物营养剂。下面主要介绍聚合氯化铝、硫酸亚铁、聚丙烯酰胺和双氧水。

5.3.2.1　聚合氯化铝

聚合氯化铝（Poly Aluminum Chloride）简称PAC，通常也称作净水剂或混凝剂，它是介于$AlCl_3$和$Al(OH)_3$之间的一种水溶性无机高分子聚合物，化学通式为$[Al_2(OH)_nCl_{6-n}]_m$，其中m代表聚合程度，n表示PAC产品的中性程度。

聚合氯化铝为黄色或淡黄色、深褐色、深灰色树脂状固体。该产品有较强的架桥吸附性能，在水解过程中，伴随发生凝聚、吸附和沉淀等物理化学过程。聚合氯化铝与传统无机混凝剂的根本区别在于传统无机混凝剂为低分子结晶盐，而聚合氯化铝的结构由形态多变的多元羧基络合物组成，絮凝沉淀速度快，适用pH值范围宽，对管道设备无腐蚀性，净水效果明显，能有效去除水中色质SS、COD、BOD及砷、汞等重金属离子，该产品广泛用于饮用水、工业用水和污水处理领域。

主要成分是氧化铝，分子式为$[Al_2(OH)_nCl_{(6-n)} \cdot xH_2O]_m$（$m \leqslant 10$，$n=1 \sim 5$），是具Keggin结构的高电荷聚合环链体形，对水中胶体和颗粒物具有高度电中和及桥联作用，并可强力去除微有毒物及重金属离子，性状稳定。

聚合氯化铝特点：①絮凝体成形快，活性好，过滤性好；②不需加碱性助剂，潮解后其效果不变；③适应pH值宽，适应性强，用途广泛；④处理过的水中盐分少；⑤能除去水中的重金属及放射性物质；⑥有效成分高，便于储存、运输。

在造纸废水处理中，聚合氯化铝起絮凝作用，用在预处理工序，其絮凝作用表现如下：①水中胶体物质的强烈电中和作用。②水解产物对水中悬浮物的优良架桥吸附作用。③对溶解性物质的选择性吸附作用。

5.3.2.2　硫酸亚铁

硫酸亚铁为蓝绿色单斜结晶或颗粒，无气味，分子式$FeSO_4 \cdot 7H_2O$，相对分子质量是为278.03。在干燥空气中风化，在潮湿空气中表面氧化成棕色的碱式硫酸铁；相对密度（d15）1.897，有刺激性。熔点为64℃，在56.6℃成为四水合物，在65℃时成为一水合物。溶于水和甘油，几乎不溶于乙醇。温度低时，其水溶液在空气中缓慢氧化，在温度高时较快氧化；加入碱或露光能加速其氧化。无水硫酸亚铁是白色粉末，含结晶水的硫酸亚铁是浅绿色晶体，晶体俗称"绿矾"，溶于水水溶液为浅绿色。

化学性质：具有还原性；受高热分解放出有毒的气体；在实验室中，可以用硫酸铜溶液与铁反应获得；在干燥空气中会风化；在潮湿空气中易氧化成难溶于水的棕黄色碱式硫酸铁；10%的硫酸亚铁水溶液呈酸性（pH值约3.7）；加热至70～73℃失去3个分子水，至80～123℃失去6个分子水，至156℃以上转变成碱式硫酸铁。

硫酸亚铁可用于制铁盐、氧化铁颜料、媒染剂、净水剂、防腐剂、消毒剂等，在造纸废处理中，用作絮凝剂，同时还用双氧水的催化剂。

5.3.2.3　聚丙烯酰胺

聚丙烯酰胺简称为PAM，为由丙烯酰胺（AM）单体经自由基引发聚合而生成的水溶性线性高分子聚合物。聚丙烯酰胺不溶于大多数有机溶剂，具有良好的絮凝性，可以降低液体之间的摩擦阻力，按离子特性分可分为非离子、阴离子、阳离子和两性型四种类型。聚丙烯酰胺主要用于水处理领域和造纸领域。

1. 水处理领域

PAM在水处理工业中的应用主要包括原水处理、污水处理和工业水处理3个方面。在原水处理中，PAM与活性炭等配合使用，可用于生活水中悬浮颗粒的凝聚和澄清；在污水处理中，PAM可用于污泥脱水；在工业水处理中，PAM主要用作配方药剂。在原水处理中，用有机絮凝剂PAM代替无机絮凝剂，即使不改造沉降池，净水能力也可提高20%以上。工业废水处理，特别是对于悬浮颗粒较粗且浓度高，粒子带阳电荷，水的pH值为中性或碱性的污水、钢铁厂废水、电镀厂废水、冶金废水、洗煤废水等污水处理，效果最好。在污水处理中，采用PAM可以增加水回用循环的使用率。

2. 造纸领域

PAM在造纸领域中广泛用作驻留剂、助滤剂、均度剂等。它的作用是提高纸张的质量，提高浆料脱水性能，提高细小纤维及填料的留着率，减少原材料的消耗以及其对环境的污染等。PAM在造纸中使用的效果取决于其平均分子量、离子性质、离子强度及其他共聚物的活性。非离子型PAM主要用于提高纸浆的滤性，增加干纸强度，提高纤维及填料的留着率；阴离子型共聚物主要用作纸张的干湿增强剂和驻留剂；阳离子型共聚物主要用于造纸废水处理和助滤作用，另外对于提高填料的留着率也有较好的效果。此外，PAM还应用于造纸废水处理和纤维回收。

5.3.2.4　过氧化氢

废水处理中的三级处理很多采用高级化学氧化法，其中Fenton工艺是最成熟可靠的技术。Fenton试剂就是过氧化氢与硫酸亚铁的组合体系，Fenton反应以亚铁离子（Fe^{2+}）为催化剂、用过氧化氢（H_2O_2）进行化学氧化反应，生成的强氧化性的羟基自由基在水溶液中与难降解有机物反应生成有机自由基使之结构破坏，最终氧化分解难降解有机物，使之变成无机物。

物理性质：水溶液为无色透明液体，溶于水、醇、乙醚，不溶于苯、石油醚。纯过氧化氢是淡蓝色的粘稠液体，熔点−0.43℃，沸点150.2℃，纯过氧化氢的分子构型会改变，所以熔沸点也会发生变化。凝固时固体密度为 $1.71g/cm^3$，密度随温度升高而减小。它的缔合程度比 H_2O 大，所以它的介电常数和沸点比水高。纯过氧化氢比较稳定，加热到153℃便剧烈地分解为水和氧气，值得注意的是，过氧化氢中不存在分子间氢键。过氧化氢对有机物有很强的氧化作用，一般作为氧化剂使用。

化学性质：既具有氧化性，也具有还原性。一般情况下，它是氧化剂，在酸性条件下，具有很强的氧化性，但遇强氧化剂，自身被氧化生成氧气。

5.4 涂布白卡纸废水综合处理应用实例

白卡纸造纸综合废水纤维含量高，是一种可以回收和利用的资源。根据白卡纸造纸生产的特点和所产生废水的性状，将废水处理同纤维回收、废水回用结合起来作为一个完整的系统加以考虑具有显著的环境效益和经济效益。目前常用来处理综合废水的方法有超效浅层气浮处理工艺、斜网-混凝沉淀-SBR工艺和沉淀+水解酸化+好氧处理工艺等。

5.4.1 涂布白卡纸废水综合处理实例一

珠海华丰纸业有限公司主要生产高档涂布白卡纸。年产量30万t。生产废水主要来自废纸处理工段和纸机车间，水量为22000m^3/d。其废水原水水质如表5-1所示。

表5-1 废水原水水质

监测项目	COD_{Cr}（mg/L）	SS（mg/L）	BOD_5（mg/L）	色度	pH
检测值	562	274	155	165	7.4

　　该公司采用"絮凝沉淀反应+SBR生化反应"处理工艺，主要引进加拿大ADI系统控制有限公司的先进技术和关键设备，由中国轻工业长沙工程有限公司设计。整个系统拥有高效的运作管理体系、先进的污水处理设施、先进的自动化控制和检测设备。

　　生产车间工业废水及厂区生活废水汇集后，经过预处理、絮凝反应、初沉、冷却、水质调节、生化处理或污泥脱水等处理过程，水质实现自动在线检测，处理效果好，污染物去除率高（达90%以上），处理后的废水除部分回用于生产外，其余每天约有13000t废水直接排放至市政排水系统，排水水质各项指标均能达到《广东省水污染物排放限值》（GB44/26—2001）第二时段二级标准和《制浆造纸工业企业污水排放标准》（GB3544—2008）。其处理后的废水水质如表5-2所示。

表5-2　处理后废水水质

监测项目	COD_{Cr}（mg/L）	SS（mg/L）	BOD_5（mg/L）	色度	pH
检测值	74	16	13	10	7.0

5.4.1.1　工艺流程

　　污水经过斜网系统来回收废水中的纸浆，通过机械格栅后流入集水池进行水质、水量的调节。随后污水进入絮凝反应池进行絮凝沉淀，在絮凝反应池中要加入净水剂PAC及PAM，它们的主要作用是使小颗粒凝结为大颗粒沉淀。污水经絮凝反应后流入初沉池。由于广东夏天气温较高，而温度过高不利于微生物的生长，故当水温高（大于39℃）时，初沉池的水先进入冷却塔集水池，经冷却塔冷却后进入均衡池；水温低时可直接进入均衡池。随后进入SBR池进行生化反应，以降低污水中COD、BOD等。由于造纸废水中无氮、磷，而微生物的生长需要一定量的氮、磷，故需在SBR池中加入氮、磷来保证微生物生长。SBR池中的水在滗水阶段，少许出水需流入回用水池（主要用于纸机和带式压滤机的冲洗），大部分都经排水口排出厂外。初沉池和SBR池的污泥经污泥泵泵入浓缩池，随后泵入污泥混合池进行进一步浓缩，然后通过带式压滤机进行脱水压滤，污泥经车辆外运处置。其主要工艺流程见图5-4。

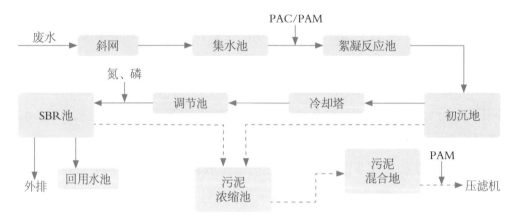

图5-4　珠海华丰纸业涂布白卡纸废水处理主要工艺流程图

5.4.1.2　工艺特点

（1）采用斜网装置回收废浆。该装置可截留废水中的纸浆纤维，在重力作用下，纸浆纤维向下自由滑落到螺旋输送机上，由螺旋输送机自动输送至螺旋压榨机进行脱水。经螺旋压榨机压榨后纤维含水率低于70%，可直接装车外卖。这套系统全自动操作，耐冲击负荷能力强，可节省人工成本，改善斜网运行环境，可有效去除SS及COD，减轻后续混凝沉淀和生化系统的处理负荷，同时实现对废水中的纸浆纤维的资源化利用，减少向环境直接排放的污染物。

（2）废水经斜网处理后，剩余的细小悬浮物和胶体污染物在混凝沉淀系统中被去除。混凝反应池前段加入PAC，发生混凝反应，形成细小颗粒，后段加入PAM，发生絮凝反应；同时，将生化系统的剩余活性污泥回流至混凝反应池，活性污泥絮体属高亲水性极性物质，对有机物有强烈的吸附功能，呈胶体状态的有机污染物可在其表面产生凝聚作用，从而使PAC和PAM投加量减少，降低运行费用。

（3）调节池置于物化预处理后端，水力停留时间1h，较传统调节池置于最前端有明显的优点，较好地解决了传统方法中需大幅调节池积浆、搅拌和输送困难的缺陷，也更有利于进生化系统的水质和水量的均衡，为生化系统的稳定运行提供更有利的条件。

5.4.1.3　工艺介绍

1. SBR法介绍

序批式间歇活性污泥法（Sequencing Batch Reactor，SBR）是早在1914年英国学者Ardern和Lockett发明活性污泥法之时，首先采用的水处理工艺。19世纪70年代初，美国Natre Dame大学的R.Irvine教授采用实验室规模对SBR工艺进行了系统深入的研究并于1980年在美国环保局（EPA）的资助下，在印第安纳州的Culver城改建并投产了世界上第一个SBR法污水处理厂。19世纪80年代前后，由于自动化计算机等高新技术的迅速发展以及其在污水处理领域的普及与应用，此项技术获得重大进展，使得间歇活性污泥法（也称间歇式活性污泥法）的运行管理也逐渐实现了自动化。

SBR工艺的过程是按时序来运行的，一个操作过程分五个阶段：进水、曝气、沉淀、滗水、闲置。由于SBR在运行过程中，各阶段的运行时间、反应器内混合液体积的变化以及运行状态都可以根据具体污水的性质、出水水质、出水质量与运行功能要求等灵活变化。对于SBR反应器来说，只是时序控制，无空间控制障碍，所以可以灵活控制，因此SBR工艺发展速度极快，并衍生出许多新型SBR处理工艺。19世纪90年代比利时的SEGHERS公司又开发了UNITANK系统，把经典SBR的时间推流与连续的空间推流结合了起来。SBR工艺主要有以下变形：

（1）间歇式循环延时曝气活性污泥法。其最大特点是：在反应器进水端设一个预反应区，整个处理过程连续进水、间歇排水，无明显的反应阶段和闲置阶段，因此处理费用比传统SBR法低。但是由于全过程连续进水，加上沉淀阶段泥水分离效果差，限制了进水量。

（2）好氧间歇曝气系统。该系统主要由需氧池（DAT池）和间歇曝气池（IAT池）组成。DAT池连续进水、连续曝气，其出水从中间墙进入IAT池，IAT池连续进水、间歇排水。同时，IAT池污泥回流DAT池。它具有抗冲击能力强的特点，并有除磷脱氮的功能。

（3）循环式活性污泥法。它将ICEAS（Intermittent Cyclic Extended Aeration System）的预反应区用容积更小、设计更加合理优化的生物选择器代替。通常CASS（Cyclic Actiavated Sludge System）池分生物选择器、缺氧区和好氧区三个反应区，容积比一般为1∶5∶30。整个过程连续间歇运行，进水、沉淀、滗水、曝气并污泥回流。该处理系统具有除氮脱磷的功能。

（4）UNITANK单元水池活性污泥处理系统。它集合了SBR工艺和氧化沟工艺的特点，一体化设计使整个系统连续进水、连续出水，而单个池子相对为间歇进水、间歇排水。此系统可以灵活地进行时间和空间控制，适当地延长水力停留时间，可以实现污水的脱氮除磷。

（5）改良式序列间歇反应器（Modified Sequencing Batch Reactor, MSBR）是19世纪80年代初期根据SBR技术特点结合A^2/O工艺，研究开发的一种更为理想的污水处理系统，目前最新的工艺是第三代工艺。MSBR工艺中涉及的部分专利技术目前属于美国的Aqua-Aerobic System Inc.所有。反应器采用单池多方格方式，在恒定水位下连续运行，脱氮除磷能力更强。

2. SBR法的特点

SBR工艺是通过时间上的交替来实现传统活性污泥法的整个运行过程，它在流程上只有一个基本单元，将调节池、曝气池和二沉池的功能集于一池，进行水质水量调节、微生物降解有机物和固液分离等。经典SBR反应器的运行过程为：进水→曝气→沉淀→滗水→待机。

每个SBR池中都安装有曝气设备、滗水器和各种传感器。活性污泥始终保留在SBR池中，活性污泥中有大量的好氧菌，因而要对好氧菌补充营养。一旦处理结束，曝气就停止，污泥开始沉淀。SBR是一个灵活的系统，每个过程都可以调整。它具有以下特点：①对水质、水量变化的适应性强，运行较稳定，适于水质、水量变化较大的污水处理系统，也适用于高浓度污水处理；②其中的反应为非稳定反应，反应时间短，静沉时间也短，可不设二沉池；③处理效果好，COD、BOD去除率高；④好氧、缺氧、厌氧环境交替出现，能同时具有脱氮和除磷的功能；⑤所需机械和工艺设备较少，自控运行，管理简便。

5.4.2　涂布白卡纸废水综合处理实例二

珠海红塔仁恒纸业有限公司是一家专业生产高档涂布白卡纸和特种白卡纸的隶属于中央国企的工厂，以进口纸浆为原料进行抄造和加工；抄纸过程需要采用一些胶类的化学原料进行施胶，常用的施胶剂是进口松香，有时也采用其他涂胶，如AKD施胶剂（脂肪酸聚合物）。该造纸工厂现有3条生产线，采取连续生产方式24小时连续生产。

该公司以进口商品浆板为原料（无制浆工序）全天候持续生产特殊用纸，每天造纸排污总废水量不超过12000m³/d。每月对生产线清洗一次，由于投加了大量的片状NaOH，故此排污废水的pH小于10，而且排水瞬时值高达800m³/h，持续3～4h时值高峰。

该公司废水处理站设计进水水质见表5-3。允许COD_{Cr}瞬间峰值达到2750mg/L，可以短时间承受高负荷运行（不超过12小时），但应避免对生化有抑制作用的物质大量排入到废水中，以免造成COD_{Cr}升高，从而导致水质波动。

表5-3　废水原水水质

序号	指标	原水水质
1	COD_{Cr}	≤1900mg/L
2	BOD_5	≤700mg/L
3	SS	≤800mg/L
4	pH	6～9
5	B/C	≥0.36

出水排入管网，执行下列排放标准（GB3544—2008），具体水质指标如表5-4。

表5-4　处理后出水水质

序号	指标	出水水质（GB3544—2008）
1	COD_{Cr}	≤80mg/L
2	BOD_5	≤20mg/L
3	SS	≤30mg/L
4	pH	6～9
5	氨氮	≤8mg/L
6	总氮	≤12mg/L
7	总磷	≤0.8mg/L
8	色度	≤50倍
9	AOX	≤12mg/L

5.4.2.1　工艺流程

正常生产时，污水经过曲筛，去除一些较大的悬浮物后进入初沉池，在初沉池再次进行固液分离后，悬浮物基本被去除，同时初沉池起到调节水质的作用。经过初沉池的综合作用处理之后（清洗纸机时，产生的污水碱性高，因而在曲筛下面的承接水盘中投加硫酸进行pH值调节；设定的水量部分进入到初沉池中，进行后续生化处理，多余的污水进入到空置的调节池中，等到纸机正常时，将调节池的污水泵送到初沉池再进行处理），污水流入到水解酸化池（在此大分子有机物降解成小分子有机物），之后自流到好氧池，经好氧污泥的吸附和氧化处理后，大部分有机物得到降解，污水进入到后续二沉池，将泥水分离后，污水达标排放。

好氧污泥经过污泥浓缩后，送往带式压滤机进行脱水处理，脱水后的污泥经皮带输送机送入污泥堆场堆放。其主要工艺流程见图5-5。

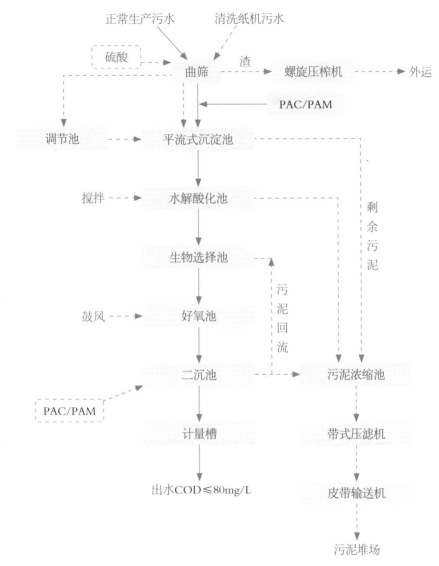

图5-5　珠海红塔仁恒纸业涂布白卡纸废水处理主要工艺流程图

5.4.2.2　工艺原理说明（高效优势菌群P-A/O工艺）

（1）预处理"P"

①固定"曲筛"。曲筛利用固定曲线，可滤除大部分纤维，去掉部分木质素，采用SUS304网与A3支架，能自行排渣，浆渣再经螺旋压滤机脱水。

②平流式沉淀池。利用沉淀池可有效地将废水中的SS和COD_{cr}部分去

除，满足预处理效果，而取代原"浅层气浮"净水装置，在达到预期处理效果的同时，更好地降低运行费用。

（2）水解酸化"A"

污水经初沉后，进入到水解酸化池内，通过水解和乳酸菌的作用对污水中的有机物进行降解，将大分子有机物降解成小分子有机物。

（3）好氧池"O"

经沉淀后的出水自流进入"O"段，采用"活性污泥"对污水中的有机物和难降解的物质进行吸附氧化降解，从而去除污水的污染物。

通过低能耗、低噪音的三叶罗茨鼓风机-悬挂链式曝气系统充氧，维持 $DO \geqslant 3mg/L$，生物酶把大部分有机化合物降解为无机物、H_2O和CO_2、N_2等气体。

（4）二沉池

为了截留从好氧池中被流体带出的活性污泥，设立二沉池并配备刮泥机，采用辐流式沉淀池对好氧污泥进行沉淀，同时回流部分活性污泥，供好氧处理使用，剩余污泥排入污泥浓缩池。

5.4.3 涂布白卡纸污水处理工艺常见的问题

5.4.3.1 泡沫问题

在生产实践中，曝气池偶尔会出现大量的泡沫，随着系统的恶化，泡沫高度越来越高，经常溢出生化池，同时带出大量的污泥，严重影响污水生化处理效果和工段的环境卫生。引起泡沫的主要原因是在低压射流曝气系统较强的水力剪切作用下，废水中的胶黏物质和湿部、涂布化学品成分经过射流曝气以后被剪切为小分子，这些小分子与细小的气泡结合进而形成泡沫。在这种情况下，通常采用水力冲散泡沫的方法使泡沫得到一定控制的，同时调整污泥絮凝反应池的加药工艺，使絮凝反应池正常运行，保证废水中化学品的有效去除，减少生化池中的发泡介质，最终减少并解决曝气池内的泡沫问题。

5.4.3.2 污泥膨胀问题

1. 污泥膨胀的类型和机理

正常的活性污泥沉降性能良好。而当污泥变质时，污泥就不易沉降，含水率上升，体积膨胀，澄清液减少，这种现象叫污泥膨胀。污泥膨胀分为丝状菌膨胀和非丝状菌膨胀两类，前者是活性污泥絮体中的丝状菌过度繁殖导致的膨胀；后者是微生物本身生理活动异常，大量积累高黏性多糖类物质，污泥中结合水异常增多，比重减轻，导致压缩性能恶化而引起的膨胀。在实际运行中，污水处理厂发生的污泥膨胀多为丝状菌污泥膨胀。

造成污泥膨胀的原因是造纸废水成分单一，所以必须向曝气池中补充营养盐，以补充微生物所需的氮、磷元素。当污水处理的氮、磷加药量不均衡时，往往会导致生化池的营养不足，而使丝状菌的繁殖速度大大增加。因为活性污泥的主体是菌胶团，与菌胶团相比，丝状菌和真菌生长时需较多的碳素，对氮、磷的要求较低；它们对氧的要求也和菌胶团不同，菌胶团要求较多的氧（至少要0.5mg/L）才能很好地生长，丝状菌和真菌在0.1mg/L的微氧环境中，才能很好地生长。所以在供氧不足的情况下，丝状菌和真菌会大量繁殖。而对毒性物质的抵抗能力，丝状菌和菌胶团也有差别，如对氯的抵抗力，丝状菌不如菌胶团。丝状菌在高温季节，即水温在25℃以上，宜生长繁殖，会引起污泥膨胀。

2. 污泥膨胀的处理方法

为防止出现污泥膨胀，技术人员首先应该加强工艺操作管理，经常检测污水水质（即进水水质，包括进水COD、pH值、SS、氮、磷等的检测），还要对生化池内的溶解氧、污泥沉降比和生化污泥镜检等进行统计分析，一旦出现不正常情况应及时采取措施进行处理。比如出现缺氧情况时要加大曝气量；水温过高时需要采取有效措施，甚至要求生产车间配合，降低车间排放废水水温；水质不均衡时要及时与生产协调，尽量保持污水进水水质的均衡；缺氮、磷等营养源时，可投加硝化污泥液或加大氮、磷的用量；污泥大量流失时，则可投加5～10mg/L的氯化铁，促进凝聚，刺激菌胶团生长，也可投加漂水（按干污泥的0.3%～0.6%投加），抑制丝状菌繁殖（其对控制结合水性污泥膨胀具有特别好的效果）。此外，投加石棉粉末、硅藻土、粘土等物质也有一定效果。

5.4.3.3　进水负荷波动大导致的问题

因生产的纸种的问题，特别是在不同克重的白卡纸转产的时候，造纸废水的水质水量波动大，因此，造纸废水还有进水负荷波动大的问题。

进水负荷波动大对污水处理后期的生化处理效果有较大的影响，生物池污泥存在因进水水质波动导致的"时饿时饱"现象，其对生化系统的冲击非常大，轻者将影响生化系统的处理效率，重则将造成生物系统崩溃，所以对进水负荷的变化一定要及时应对，适时调整生化污泥浓度。

控制的要点为：①及时了解生产的状况，造纸生产是有计划地进行的，可以对排水水质进行预判，及时调整生化系统。②污水系统应存在有较大的调节池，应当可存4～8h的缓冲水量，在调节池中可以均衡水质，降低水质波动对生物系统的冲击。③减少如涂料和胶乳这类的高分子量物质直接进入生物系统，这类物质在生物系统是无法被消解的，会毒害生物污泥，可将此类污水直接分流进入污泥处理系统，跟随污泥系统处理。

5.4.4　涂布白卡纸污水处理工艺运行控制要点

1. 温度

温度对生化培养过程起着至关重要的作用。它能够为生化培养过程中各现象的解释提供依据，有助于帮助管理及操作人员对系统的运行、管理做出正确、及时的判断。

温度在很大程度上影响活性污泥（包括厌氧、兼氧和好氧）中微生物的活性程度，并且对诸如溶解氧、曝气量等产生影响，同时对生化反应速率产生影响。不同种类的微生物所生长的温度范围不同，基本都在5～80℃范围内，每种微生物又有最低生长温度、最高生长温度和最适生长温度。以微生物适应的温度范围为标准进行分类，微生物可分为中温性、好热性和好冷性三类。中温性微生物的生长温度范围在20～45℃，好冷性微生物的生长温度在20℃以下，好热性微生物的生长温度在45℃以上。

废水生化好氧生物处理，以中温细菌为主，其生长繁殖的最适温度为20～37℃。当温度超过最高生物生长温度时，会使微生物因蛋白质迅速变性及酶系统遭到破坏而失去活性，严重者可使微生物死亡。低温会使微生物的代谢活力降低，进而处于生长繁殖停止状态，但仍保存其生命力。厌氧生物处理中的中温性甲烷菌最适温度范围为20～40℃，高温性微生物最适温度范围为50～60℃，厌氧生物处理常采用的温度范围为33～38℃和50～57℃。

2. pH值

不同的微生物有不同的pH值适应范围。例如细菌、放线菌、藻类和原生动物的pH值适应范围在4～10之间。大多数细菌适宜中性和偏碱性（pH值6.5～7.5）环境；氧化硫化杆菌喜欢在酸性环境，它的最适pH值为3，亦可以在pH值为1.5的环境中生存；酵母菌和霉菌适宜在酸性或偏酸性的环境中生活，最适pH值3.0～6.0，可在pH值范围为1.5～10之间的环境中生存。

在废水生物处理过程中保持最适pH值范围是十分重要的。如用活性污泥法处理废水，曝气池混合液的pH值达到9.0时，原生动物将由活跃转为呆滞，菌胶团黏性物质解体，活性污泥结构遭到破坏，处理效率显著下降。如果进水pH值突然降低，曝气池混合液呈酸性，活性污泥结构也会发生变化，使二沉池中出现大量浮泥现象。培养优良、驯化成熟的生物系统具有较强的耐冲击负荷的能力，但如果pH值大幅度变化，则会影响反应器的效率，甚至对微生物产生毒性而使反应器失效，因为pH值的改变可能引起细胞电荷的变化，进而影响微生物对营养物质的吸收和微生物酶的活性。

综上所述，在生物系统处理废水的过程中，应提供微生物最佳的pH值范围，以使其在最优化条件下运行。

3. 化学需氧量（COD_{Cr}）

化学需氧量是用化学氧化剂氧化水中的有机污染物时所消耗的氧化剂量，单位为mg/L。化学需氧量越高，也表示水中有机污染物越多。

通过各处理单元进出水的COD_{Cr}的变化情况，可了解处理单元的处理效果和效率。其重要作用可总结为以下三点：

（1）提供详细的进出水浓度，可使管理人员根据浓度变化情况相应地对运行工况做出调整，保证废水处理系统正常、稳定运行；

（2）作为一项重要的技术指标，反映各处理单元的运行情况及处理效率等；

（3）为整个系统中出现的各种现象及异常情况的分析判断及合理解释提供依据。

4. 活性污泥的生物相

活性污泥的生物相观察在废水生化处理过程中作用极其重要，它不仅反映了微生物培养程度和污泥驯化程度，并直接反映废水的处理情况。

（1）指示性生物的观察

对于某一特定的污水处理系统，当活性污泥系统运行正常时，其生物相也基本保持稳定，如果出现变化，则表示活性污泥质量发生了变化，应进一步观察并采取处理措施。微生物的种类繁多，其命名方法也非常复杂。从实际出发，运行人员应熟练掌握活性污泥中最常见的指示性微生物：变形虫、鞭毛虫、草履虫、钟虫、线虫等。这些微生物中的某一种或几种比例多少以及是否占优势，取决于并反映出工艺的运行状态。

下面是几种生物相指标反应的活性污泥状况。

①钟虫不活跃或呆滞，往往表明曝气池供氧不足；如果出现钟虫等原生动物死亡，则说明曝气池内有有毒物进入，如有毒工业废水流入等。

②当发现没有钟虫，却有大量的游动纤毛虫，如出现数量较多的草履虫、漫游虫、豆形虫、波豆虫等，而细菌则以游离细菌为主，表明此时水中有机物还很多，处理效果很低。如果原来水质良好，突然出现固定纤毛虫减少，游动纤毛虫增加的现象，预示水质要变差；相反，原来水质极差，逐渐出现游动纤毛虫增加，则预示水质变得良好。通常，当固定纤毛虫的数量多于游动纤毛虫和轮虫的数量时，出水BOD_5为5～10mg／L；固定纤毛虫的数

量等于游动纤毛虫的数量时，出水BOD_5为10～20mg／L。

③镜检中如发现积硫较多的硫丝细菌、游动细菌（球菌、杆菌、螺旋菌和较多的变形虫、豆形虫），往往表明曝气时间不足，空气量不够，流量过大；或水温较低，处理效果差。

④在大量钟虫存在的情况下，植纤虫数量多而且越来越活跃，这对曝气池工作并不有利，可能污泥会变得松散；如果钟虫量递减，植纤虫递增，则存在着污泥膨胀的可能。

⑤镜检中各类原生动物极少，而球衣细菌或丝硫细菌很多时，表明污泥已发生膨胀。

⑥当发现等枝虫成对出现并且不活跃，肉眼能见污泥中有小白点，同时发现贝氏硫菌和丝硫细菌积硫点十分明显，则表明曝气池溶解氧很低，一般仅0.5mg／L左右。

⑦如果发现单个钟虫活跃，其体内的食物泡都能清晰地观察到时，说明污水处理程度高，溶解氧充足。

⑧二沉池的出水中有许多水蚤（俗称鱼虫），其体内血红素低，说明溶解氧高；水蚤的颜色很红时，则说明出水几乎无溶解氧。

（2）丝状菌的观察

在活性污泥系统中，并不是丝状菌越少越好，因为丝状菌在污泥絮体中起骨架作用。通过显微镜观察到的丝状菌的数量及长度、丰度等可直接反映工艺的运行情况。需要补充的是，生物相观察只是一种定性的方法，运行中只能作为理化方法的补充手段，不可作为主要的工艺检测方法，需要在不断的实践中注意积累资料，总结出本工程的生物相变化规律。

5．MLSS、MLVSS、F/M、SRT等污泥理化指标

（1）SV_{30}（污泥的沉降比）：污泥的沉降比是指曝气池中的混合液在1000mL的量筒中，静置30min后，沉降污泥与混合液的体积之比。SV_{30}是衡量活性污泥沉降性能和浓缩性能的一个指标。对于某种浓度的活性污泥，SV_{30}越小，说明其沉降性能和浓缩性能越好。正常的活性污泥SV_{30}一般在

15%～30%的范围内。

（2）MLSS（混合液悬浮固体浓度）：指曝气池中污水和活性污泥混合后的混合液中悬浮固体的质量，单位是mg/L。它近似地表示曝气池中活性微生物的浓度，是曝气池运行管理的一个重要参数。正常活性污泥的为MLSS为1500～4000mg/L。

（3）SVI_{30}（污泥的体积指数）：污泥的体积指数是指曝气池混合液在1000mL量筒中，静置30min后，1g活性污泥悬浮固体所占的体积，单位为mL/g。SVI_{30}与SV_{30}存在以下关系：

$$SVI_{30}= SV_{30}/MLSS \times 1000 \tag{5-1}$$

沉降比SV与污泥的浓度有关，沉降性能相同的污泥，当MLSS较大时，SV也越大；当曝气池中混合液MLSS变化较大时，SV值就无法与历史数据比较，反映的污泥情况失真。测量SV或SVI的目的是反映污泥在二沉池内的沉降浓缩状况。SVI既是衡量污泥沉降性能的指标，也是衡量污泥吸附性能的一个指标。一般来说，SVI值越大，沉降性能越差，但吸附性能好；反之，SVI越小，沉降性能越好，而吸附性能越差。在传统活性污泥工艺中，一般认为，SVI值在100左右时综合效果最好，太大或太小都不利于出水质量的提高。

（4）MLVSS（混合液挥发性悬浮固体浓度）：指混合液中悬浮固体中有机物的含量，它较MLSS更能确切地代表活性污泥微生物的数量。

（5）SRT（污泥龄或称平均细胞停留时间）：是活性污泥在整个系统中的平均停留时间。可用以下公式表示：

SRT=活性污泥系统中的活性污泥总量/每天从系统内排出的活性污泥量

$$=（M_a+M_c+M_R）/（M_w+M_e） \tag{5-2}$$

其中，M_a为曝气池中的活性污泥量；M_c为二沉池的活性污泥量；M_R为回流系统的活性污泥量；M_w为每天排放剩余活性污泥量；M_e为二沉池出水每天带走的活性污泥量。

（6）F/M（污泥负荷）：指单位重量的活性污泥，在单位时间内要保证一定的处理效果所能承受的有机物量。单位是$kgBOD_5/kg$（MLVSS·d），通常用F/M表示有机负荷，F代表食料，即进入系统中的食物量；M代表活性微生物量，即曝气过程中的挥发性固体量。

$$F/M=Q \cdot BOD_5（每天进入系统中的食料量）/MLVSS \cdot V_a（曝气过程中的微生物量）\tag{5-3}$$

式中，Q为进水流量（m^3/d）；BOD_5为进水的BOD_5值（mg/L）；V_a为曝气池的有效容积（m^3）；MLVSS为曝气池内活性污泥浓度（mg/L）。

6. 营养元素

营养元素在工业废水生化处理中的作用至关重要。生物培养的微生物按照其细胞组成及代谢性质，在生长繁殖过程中需要一定量的营养元素，主要以氮、磷为主。所以在工业废水的生物培养过程中，需要经常性地投加营养物质，以保证废水中有足够的氮和磷。

BOD：N：P=100：5：1，这是好氧生化系统中的比例，在好氧生化培养中，缺乏氮元素将导致丝状的或者分散状的微生物群体产生，使微生物的沉降性能变差。另外，缺乏氮元素使新的细胞难以形成，而老的细胞继续去除BOD物质，结果微生物向细胞壁外排泄过量的副产物——绒毛状絮状物，这些絮状物沉淀性能差。根据经验，从废水中每去除100kgBOD需要加5kg氮和1kg磷。

7. 溶解氧（DO）

溶解氧是影响生化处理效果的重要因素。在好氧生物处理中，如果溶解氧不足，好氧微生物由于得不到足够的氧，其活性受到影响，新陈代谢能力降低，同时将出现对溶解氧要求较低的微生物，影响正常的生化反应过程，造成处理效率下降。好氧生物处理的溶解氧一般2～4mg/L为宜，在这种情况下，活性污泥或生物膜的结构正常，沉降、絮凝性能好。供氧过高，造成能耗浪费，而且微生物代谢活动增强，造成营养供应不足而使微生物缺乏营养，促使污泥老化、结构松散。

因此，在废水生化处理过程中，溶解氧应该经常测试，以保证曝气池中的溶解氧浓度在一个合理的水平上，确保好氧微生物的正常生长，取得较好的处理效果。

8. 有毒物质

本项目废水中存在着对微生物有抑制和杀害作用的化学物质，其毒害作用主要表现为使细胞的正常结构遭到破坏以及使菌体内的酶变质，并失去活性。

下面简单列出部分白卡纸生产中对污水系统有毒害作用的物质：

①强酸强碱类（盐酸、硫酸、烧碱、硫酸铝）；

②强杀菌剂类（漂水、各类杀菌剂）；

③高浓度有机物类（涂料、胶乳、淀粉、助留助滤剂、施胶剂、涂料其他助剂）；

④难降解类（润滑油/脂、柴油）。

第6章 防伪涂布白卡纸的加工及应用

本章讲的防伪涂布白卡纸的加工主要是指印刷工艺及印后加工工艺。广义的印刷工艺流程及步骤包括原稿的准备—印前图像处理—印版制作—印刷—印后加工处理等环节。不管何种印刷方式，如凸版印刷、平版印刷、凹版印刷、孔版印刷等，都离不开这几个关键步骤，只是工艺处理的复杂性和材质上存在差异。

6.1 平版印刷

平版印刷是用图文部分和空白部分几乎处于同一平面上的平印版进行印刷的工艺技术。平印版有石版、珂罗版、蛋白版、平凹版、多层金属版、预涂感光版（PS版）等多种形式。目前平版印刷主要用到的版材是预涂感光版（PS版）或计算机直接制版（CTP）版材。

平版印刷是将印版上的图文墨层转移到橡皮布上，再利用橡皮滚筒与压印滚筒之间的压力，将图文墨层转移到承印物上完成印刷，所以平版印刷又称为胶印。平版印刷是利用油、水不相溶的原理进行印刷的。不同于一般的凸版印刷，也不同于柔版印刷和凹版印刷，平版印刷除油墨之外，必须有水的参与。正确地处理油、水之间的关系，是保证印刷品质量的基本前提。对于平版印刷的从业人员来说，在整个印刷过程（如图6-1所示），需要解决印版、供水量、纸张、油墨以及印刷环境之间的矛盾。因此，平版印刷工艺复杂，技术操作难度大。

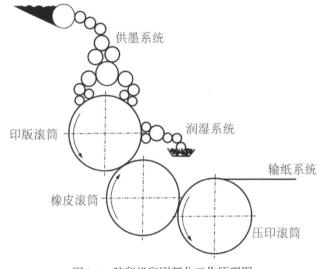

图6-1 胶印机印刷部分工作原理图

6.1.1 平版印刷的特点

平版印刷，即胶印，是复制层次丰富、色调柔和的精美画册、样本等高档次产品的主要印刷方法之一，占据着印刷工业的主导地位。

传统胶印有两个显著的特点：一是图文部分和空白部分处在同一平面上，二是印刷时需要水润湿版面。由于胶印的图文部分和空白部分处在同一平面上，所以图文部分和空白部分承受同样大的压力。由于承受压力的面积比较大，分配在单位面积上的压力就相对较小。滚筒压力小，可以提高印刷速度，所以胶印机较一般凸版机速度快。另外，胶印用的版材轻而价廉，制作印版的过程也简单、方便，并可制作大版，最适用于印刷大幅面的地图、海报、招贴画、年画及各种包装材料。胶印印刷时，装版迅速、套色准确、印刷质量高、成本低，可承印大数量的印刷，并可连接各种印前及印后装置，形成流水作业，整个印刷作业呈数字化趋势。

但胶印因印刷油墨受水胶的影响容易产生乳化现象，且油墨是经印版、橡皮滚筒再印到承印物上，因此，油墨在色调的再现能力与油墨的转移方面不够理想，耐印力也较差。

6.1.2　平版印刷机

平版印刷机种类较多，有单色、多色印刷机，有单面、双面印刷机，有单张纸、卷筒纸印刷机，对开、四开、八开印刷机等。有的平板印刷机还备有干燥及折页装置。现就单张纸式和卷筒纸式胶印印刷机来说明印刷机的结构。单张纸胶印机和卷筒纸胶印机，除了传动装置、印刷装置、输水装置和输墨装置相近外，其余部分都有很多的不同。

6.1.2.1　单张纸胶印机

单张纸胶印机由输纸装置、印刷装置、收纸装置组成，它的承印物是由输纸装置一张张输入到印刷部分的。

（1）输纸装置

输纸装置由存纸和送纸装置组成。

先把平板纸堆放在可保持一定高度的、有自动升降装置的纸台上，然后通过纸张分离装置将纸一张张地分离，并传送到纸张传送机构（输纸台）。为了保证纸张在输纸台上顺利通过，在输纸台上设置了自动控制装置，发生双张、缺张、歪斜等问题时，输纸机构自动停止输纸。套准装置由预挡规、前规、侧规组成。经输纸台传送的纸张边缘先接触预挡规，使纸张减速，再到达侧规和前规，起到横向定位和纵向定位的作用。在输纸台上排列整齐的纸最终被送至前规，进入印刷装置。

（2）印刷装置

印刷装置由交接装置、润湿装置、着墨装置、印版装版装置四个部分组成。

纸张定位后，由递纸牙或压印滚筒咬纸牙咬住纸张，前规抬起，让纸张进入印刷部分。印版滚筒上安装印版，在它的周围安装有着墨装置、润版装置和印版装版装置。橡皮滚筒上包卷有橡皮布，它起着将印版上的图文油墨转移到承印物上的中间媒介作用。压印滚筒上装有咬纸装置，它将印完的纸送至下一色组。印刷装置的滚筒的排列方式有5种，如图6-2所示。

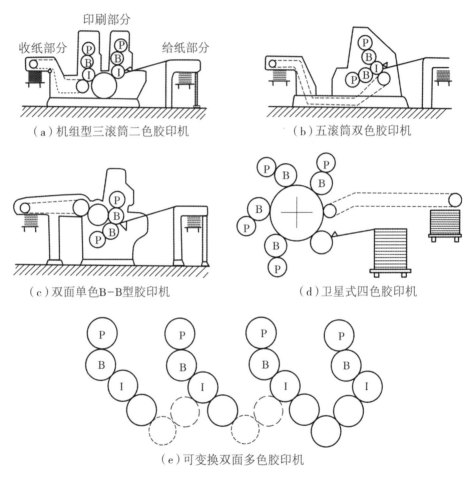

图6-2 平版胶印机滚筒排列方式

P—印版滚筒；B—橡皮布滚筒；I—压印滚筒

着墨装置由墨斗和各种各样的墨辊组成。在开印前，先由传墨辊与墨斗辊接触，使传墨辊上的墨层符合要求。当印版已被润版液充分润湿后，再使着墨辊与印版接触上墨。停印时，传墨辊与墨斗辊停止接触后，着墨辊与印版脱开。

润版装置是由水斗和各种各样的水辊组成，主要起着将水均匀地传递到印版，使印版均匀地润湿的作用。除水辊润版方式外，还有刷涂方式、喷气方式，还有把水和墨同时输送到着墨辊上的达格伦润版方式。

装版装置是为了在装版时简化各印版的套印工作。将印版上的定位孔套在印版滚筒的定位销钉上，再用版夹夹紧印版即可。

（3）收纸装置

收纸装置由收纸链条、收纸板和计数器组成，链条上的咬纸牙把印好的成品从压印滚筒的咬纸牙上接出，通过链条传动传到收纸板。收纸板设有自动装齐装置，通过计数器自动计数，堆积到一定数量即可取出。

6.1.2.2 卷筒纸胶印机

卷筒纸胶印机的承印物是以成卷的形式输入到印刷部分，它由放（纸）卷装置、印刷装置、干燥装置和收（纸）卷装置四部分组成。卷筒纸胶印机收卷装置往往后接折页、裁切、压痕、模切等印后加工设备。

（1）放（纸）卷装置

放（纸）卷装置由导送装置、制动装置和接纸装置三部分组成。

卷筒纸制动装置的任务是保证纸带在印刷时处于张紧状态并保持张力不变；当纸带断裂或印刷速度变低时，防止纸带自动退卷。卷筒纸接纸装置的任务是在不停机的情况下完成卷筒纸的调换工作，主要有三角架接纸装置和自动接纸装置两大类。

（2）印刷装置

卷筒纸胶印机的印刷部分有卫星型式和B-B型式，目前多采用B-B型印刷方式，该印刷装置有上下两个色组，以满足正反两面同时印刷的需要，如图6-3所示。

（3）干燥装置

卷筒纸胶印完毕后需立即进行收卷、折页、裁切、模切、压痕等后工序的操作，所以一定要通过干燥装置，使印迹墨层及时干燥，否则极易发生背面粘脏和擦脏。干燥装置一般设在印刷装置和收（纸）卷装置之间。

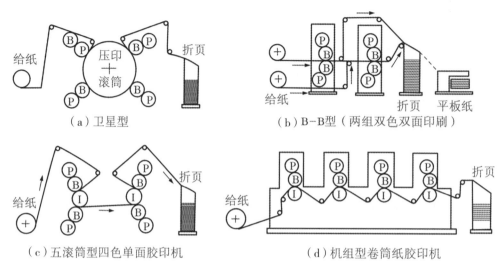

（a）卫星型　　　　　　　　（b）B-B型（两组双色双面印刷）

（c）五滚筒型四色单面胶印机　　　　（d）机组型卷筒纸胶印机

图6-3　卷筒纸胶印机滚筒配置图

干燥方式有电热、红外线、微波、紫外线干燥及煤油、液化石油气加热干燥等方式。

（4）收（纸）卷装置

卷筒纸胶印机的收纸装置有收卷（复卷）、分切折页和分切（模切与压痕）三种形式。纸张印刷后，按照要求经规定的裁切、模切与压痕等程序后，即可成为符合要求的包装盒。

6.1.3　平版印刷工艺

6.1.3.1　印刷准备

印刷前的准备包括纸张的调湿处理、调配油墨、配制润版液、检查印版、调试印版压力等。

（1）纸张的调湿处理

在多色印刷中，纸张变形是造成套印不准的主要原因之一。在平版印刷中，由于时刻都有水的参加，纸张的含水量经常发生变化，使直线尺寸难以维持恒定。此外，纸张的含水量还随温度、湿度的改变而变化。当空气中含水量大于纸张含水量时，纸张会吸收水分，纸边伸长；当空气中含水量小于纸张含水量时，纸边放出水分，出现"紧边"现象。

为了严格控制纸张的含水量，在投入印刷前（尤其是用于多色胶印机的纸张）需要对纸张进行调湿处理。其目的就是降低纸张对水分的敏感程度，防止环境气候造成纸张的含水量不均匀而引起的纸张变形，以及避免产生静电现象，以提高纸张尺寸的稳定性。调湿处理一般有两种方式：一是将纸张吊晾在印刷车间，使纸张的含水量与印刷车间的温、湿度相平衡；二是把纸张先放在高温、高湿的环境中加湿，然后再放入印刷车间或与印刷车间温度、湿度相同的场所使纸张的含水量均匀。

（2）油墨调配和用量准备

油墨的调配工作包括专色油墨的配制，对常规油墨添加一些助剂等。专色油墨主要用于专色印刷中，这种印刷所用的油墨一般不直接使用油墨厂所生产的原墨，而要经过一定的调配工艺，将原墨进行适当的调和使油墨色彩符合原稿的色彩，满足印刷工艺操作要求。油墨中添加助剂是要使油墨符合印刷要求。如油墨黏度不合适，则应添加提高黏度或降低黏度的调墨油；油墨干燥性不好，可添加干燥剂。添加各种助剂必须根据工艺、设备、纸张及环境温度情况，也要符合油墨印刷适性的要求。

油墨用量应根据版面图文面积、印刷墨层的厚薄、纸张的吸墨性、油墨的着色力、印品尺寸和印数等确定。

（3）润版液的调配

平版印刷过程中，必须保证版面用水润湿后其空白部分不吸附油墨。润湿用水本可以用纯水，但在印刷过程中，版面经高速摩擦后，空白部分的亲水层受到消耗，为补充版面被消耗的亲水层，在水中加入了电解质。但形成的无机盐层的亲水性能并不强，所以在水中再加入亲水胶体，使无机盐层上形成亲水性较强的胶体膜层。目前使用的润版液有三种：普通润版液、酒精润版液、非离子表面活性润版液。

普通润版液由磷酸、磷酸二氢铵、重铬酸铵、阿拉伯树胶和水组成。酒精润版液是表面活性物质，可以降低水的表面张力，使水在印版表面具有较好的铺展性，可大幅度减少用水量，避免纸张变形和油墨乳化。但酒精润版液成本较高，现在已用异丙醇取代。非离子表面活性剂润版液在溶液中为非离子状态，所以不受酸、碱、无机盐等的影响，性能较稳定、润湿性好、可减少润版液的用量，已成为高速多色胶印机理想的润版液。与酒精润版液相比，非离子表面活性剂润版液具有成本低、无挥发性、不燃、无毒等特点。

（4）印版检查

印版的检查包括：印版的大小、厚薄、版的类别、印版的咬口、边规尺寸、版面是否平整、网点和线画是否符合印刷质量要求。胶印印版上的网点应结实、饱满、光洁，线画不发毛、不变形，否则说明点线的晒版质量不好、感脂性差，将会影响印刷质量。

（5）印刷压力调试

平版印刷是通过橡皮滚筒的弹性变形来实现图文油墨转移的。印刷根据印版厚度、纸张规格、橡皮布的厚度、包衬材料厚度、印刷工艺的要求等诸多因素，选择合适的压力滚筒包衬，以达到理想的印刷压力，使橡皮滚筒上的图文油墨能顺利地转移到纸张上。

6.1.3.2 装版试印

印前准备工作做好之后，就可装纸、装版、开机调试。开机运行中，要对输纸装置、收纸装置、输墨装置、印刷压力进行调节，以保证走纸顺畅。先上水，后上墨。在印刷过程中，在保证印刷质量的前提下，应尽可能用最小的压力和水分来印刷。要保持水墨平衡，防止水大墨大。供水量、给墨量适中，印刷压力适宜，才能印出高质量的印品。上述工作准备好后，将机器开一会儿，使给墨量、供水量适中且均匀，之后在给纸台上加一些过版纸，进行试印。如果是多色印刷或是套色印刷，还需要进行套准调节工作，检查版面位置是否合适，图文是否歪斜，天头、地脚、左右大小及方向是否套准（一般以规矩线进行套准调节）。套准作业完成后，开始试印，需要印出几张样品，进行质量检查。

6.1.3.3 正式印刷

正式印刷前，用一些过版纸进行试印，过版纸印完后计数器归零。印刷中要经常进行抽样检查，注意上水的变化、油墨的变化、印版耐印力、橡皮布的清洁情况，以及印刷机供油、供气状况和运转是否正常等。

6.1.4 常见的印刷故障

平版印刷工艺复杂，印刷过程涉及机械、材料、电子等许多技术领域，生产中出现的印刷故障也十分复杂，故障产生的原因往往与许多因素有关。

1. 纸张的掉粉、掉毛

纸张表面细小的纤维、涂料粒子脱落的现象，叫作纸张的掉粉、掉毛。从纸张上脱落下来的纤维、粒子会堵塞印版的网纹，造成印刷品脏污，并导致印版的耐印力下降。

为了防止或减缓纸张的掉粉、掉毛，应选择表面强度高的纸张印刷；在油墨中加入撤粘剂，降低油墨的黏着性；在油墨中加入稀释剂或低黏度的调墨油，降低油墨的黏度；适当地降低印刷压力、印刷速度。

2. 油墨的叠印不良

后印的油墨不能很好地附着在先印的油墨之上，或者后一色的油墨把先印的油墨带走，使印刷品色彩的饱和度下降，这一现象叫作油墨的叠印不良。这是多色胶印常见的故障。

为了防止油墨的叠印不良，在多色胶印机上使用的油墨，黏着性和黏度应按印刷顺序依次减小。印版上的墨层厚度最好能按照印刷顺序依次增大。

3. 套印不准

套印不准指印张上的图像发生纵向（沿纸张的输送方向）、横向（与纸张输送方向垂直的方向）或局部偏移的现象，一般是纸张和印刷机方面的问题引起的。

从纸张方面排除套印不准的措施有：检查纸张的裁切精度，使之达到规格要求；吊晾纸张，消除卷曲、波浪形、紧边等纸病；采用丝缕相同的纸张印刷等。

从印刷机方面排除套印不准的措施有：调节前规、侧规到正确的位置；调节摆动牙位置；更换被磨损的咬纸牙；调节套准印机构，使各部件动作协调等。

4. 印品空白部分粘脏

针对印刷品空白部分出现墨污的现象，可采取的措施有：增加印版的供水量；增大润版液的酸性；增加水辊的压力；对版面进行亲水性处理等。

平版印刷中，常见的故障还有印品背面蹭脏、花版、糊版、掉版、墨杠等。

6.1.5　平版印刷品的质量要求

平版印刷是复制图像印刷品最理想的方法，按照平版印刷工艺特点，印刷品应达到以下质量要求：

（1）阶调再现：亮、中、暗调分明，层次清楚。

（2）颜色再现：符合原稿，复制真实、自然、协调。符合付印样，同批产品、不同印张的颜色应一致。

（3）网点：网点清晰，角度准确，不出重影。50％网点的增大值应符合表6-1的要求。

表6-1　网点增大值

色别	精细印刷品	一般印刷品
Y（黄）	8％～20％	10％～25％
M（品红）	8％～20％	10％～25％
C（青）	8％～20％	10％～25％
BK（黑）	8％～25％	10％～25％

（4）套印：图像轮廓清晰，套印允许误差如表6-2所示。

（5）外观要求：文字完整、清楚、位置准确。细小脏迹、墨斑不影响主体。印刷接版色调基本一致，精细产品的尺寸误差小于0.5mm，一般产品的尺寸误差小于1mm，图像位置准确。

表6-2 胶印套印误差 （单位：mm）

部位	精细印刷品			一般印刷品		
	四开	对开	全开	四开	对开	全开
主体部位	<0.10	<0.15	<0.20	<0.20	<0.30	<0.50
一般部位	<0.15	<0.20	<0.30	<0.30	<0.40	<0.60

6.2 凹版印刷

凹版印刷是将存留在凹下印纹中的油墨直接转移到印件上，属直接印刷。由于其凹下印纹上的油墨量比凸版、平版多，所以凹版印刷出来的印件上的图文会有微微浮凸的感觉，表现出来的层次和质感都比凸版和平版好。另外，凹印版上印刷部分下凹的深浅，随原稿色彩浓淡的不同而变化，因此凹版印刷也是常规印刷中唯一可用油墨层厚薄表示色彩浓淡的印刷方法。用凹版印刷的图像，色彩丰富、色调浓厚，最适合做精美的高档包装。

6.2.1 凹版印刷的特点

凹版印版是几种印刷方式中耐印力最高的，所以凹版印刷是大批量印刷中最廉价的一种方法。凹版印刷工艺中的变化因素较少，印刷质量稳定，印刷速度高，印版耐印力高，印刷品墨层厚实、层次丰富、质感强。

凹版印版的制作困难，且具有高防伪性能，因此凹版印刷适用于有价证券的印刷。另外，凹版印版的耐印力极高，可达100万印以上，适用于长版印刷品。由于凹版印刷滚筒是完整圆柱形，因此可进行无缝印刷。

不足的是凹版印版的制版工艺复杂、成本高、周期长，所以凹版印刷不适合少量、多样化的印刷品的印制。

6.2.2　凹版印刷机

凹版印刷机按照印刷纸张类型，可分为单张纸凹印机和卷筒纸凹印机，其中卷筒纸凹印机使用广泛。无论哪一种凹版印刷机都由输纸、着墨、印刷、干燥、收纸装置组成。其中着墨装置、印刷装置、干燥装置各具有一定特色。

6.2.2.1　着墨装置

凹版印刷机的着墨装置由输墨装置和刮墨装置两部分组成。输墨的方式有开放式和密闭式两种。

开放式输墨又分为直接输墨（浸泡上墨）和间接输墨（打墨辊上墨）两种。直接输墨方式是把印版滚筒的部分（1/3或1/4）浸入墨槽中，涂满油墨的滚筒转到刮墨刀处，空白部分的油墨被刮掉，如图6-4（a）所示。间接输墨的方式是由一个传递油墨的打墨辊，将油墨涂布在印版滚筒表面，打墨辊直接浸渍在墨槽里，如图6-4（b）所示。

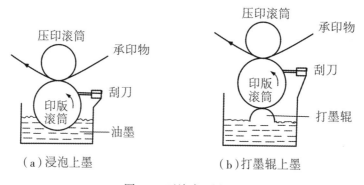

（a）浸泡上墨　　　　　　（b）打墨辊上墨

图6-4　开放式上墨

密闭式输墨是把印版滚筒放置在一封闭的容器内，用喷嘴将油墨喷淋到印版滚筒表面，刮墨刀在容器内将空白部分的油墨刮去，多余的墨又流到墨箱内，经过滤后由墨泵再送至喷嘴，如此循环往复。这种方法可防止溶剂挥发、减少污染，油墨可以回收，成本较低，大多在高速凹版印刷机中使用。

刮墨装置由刀架、刮墨刀片和压板组成。刮墨刀片的厚度、刀刃角度以及刮墨刀与印版滚筒之间的角度可以调整。

6.2.2.2 印刷装置

由印版滚筒和压印滚筒组成。凹印是直接印刷，需要较大的压力才能把印版网穴中的油墨转移到承印物上，因此，压印滚筒表面包裹有橡皮布，用以调节压力。

6.2.2.3 干燥装置

凹版印刷机的干燥装置采用红外线干燥、蒸气干燥以及空气干燥等几种方式。由于凹印墨层较平印厚，因此，当一色印完后，必须用干燥装置使印刷品上的油墨溶剂迅速挥发、干燥，使油墨固着在承印物上。油墨干燥的速度应与印刷速度相匹配。

6.2.3 凹版印刷工艺

凹版印刷由于印刷机的自动化程度高，凹版制版的质量较好，因而工艺操作比胶印简单，容易掌握。

6.2.3.1 印前准备

凹版印刷的准备工作包括：检查印版质量，准备承印物、油墨、刮墨刀等，还要对印刷机进行润滑。

印版是印刷的基础，直接关系到印刷质量，上版前需对印版进行复核。检查网点是否整齐、完整。印版经详细检查后，才可安装在印刷机上。

凹版印刷采用溶剂挥发性的油墨，黏度低、流动性好、表面张力低、附着力强。一般要求凹印油墨的溶剂溶解力强，挥发性快，而且要无毒。

凹版印刷机最主要的特点是使用刮墨刀，以刮除印版空白部分的油墨。

刮墨刀是宽60～80mm、长100～1500mm（依照印版滚筒尺寸而定）的特制钢片，其刀刃必须呈直线型。

6.2.3.2 上版

上版操作中，要特别注意保护好版面不被碰伤，要把咬口处的规矩及推拉规矩对准，还要把印版滚筒紧固在印刷机上，防止正式印刷时印版滚筒的松动。

6.2.3.3 调整规矩

印刷前的准备工作完成之后，再仔细校准印版，检查给纸、输纸、收纸、推拉规矩的情况，并作适当调整，校正压力，调整好油墨供墨量，调整好刮墨刀角度。其中刮墨刀的调整，主要是调整刮墨刀与印版的距离以及刮墨刀的角度，使刮墨刀在版面上的压力均匀又不损伤印版。

6.2.3.4 正式印刷

在正式印刷过程中，要经常抽样检查：查看网点是否完整；套印是否准确；墨色是否鲜艳；油墨的黏度及干燥速度是否和印刷速度相匹配；是否因为刮墨刀刮不均匀，印版上出现道子、刀线、破刀口等现象。

凹版印刷的工作场地要有良好的通风设备，以排除有害气体。对溶剂应采用回收设备。印刷机上的电器要有防爆装置，需要经常检查维修，以免着火。

6.2.4 常见的印刷故障

凹版印刷中的故障，主要是由印版、油墨、承印物、刮墨刀等引起的。

1. 墨色浓淡不匀

印刷品上出现周期性墨色变化的现象。排除的方法有：校正印版滚筒的圆度，调整刮墨刀的角度、压力或更换新的刮墨刀。

2. 印迹发糊起毛

印刷品图像层次并级、发糊，图文边缘出现毛刺的现象。排除的方法有：去除承印物表面的静电，在油墨中加入极性溶剂，适当地增大印刷压力，调整刮墨刀的位置等。

3. 堵版

油墨干涸在印刷版的网穴中，或印版的网穴被纸毛、纸粉所充塞的现象叫作堵版。排除的方法有：增加油墨中溶剂的含量，降低油墨干燥的速度，采用表面强度高的纸张印刷。

4. 油墨溢出

印刷品实地部分出现斑点的现象。排除的方法有：添加硬性调墨油，提高油墨的黏度，调整刮墨刀的角度，提高印刷速度，将深网穴印版换成浅网穴印版等。

5. 刮痕

印刷品上有刮墨刀的痕迹。排除的方法有：使用无异物混入的干净油墨印刷，调整油墨的黏度、干燥性、附着性，使用优质刮墨刀，调整好刮墨刀与印版的角度。

6. 颜料沉淀

印刷品上的颜色变浅的现象。排除的方法有：使用分散性好、性能稳定的油墨印刷，在油墨中加入防凝聚、防沉淀的助剂，充分轧制、经常搅拌墨槽里的油墨。

7. 粘脏

印刷品上有墨污的现象。排除的方法有：选择挥发速度快的油墨印刷，提高干燥温度或适当地降低印刷速度。

8. 油墨脱落

印在塑料膜上的油墨附着性差，用手或机械力摩擦脱落的现象。排除的方法有：防止塑料膜受潮，选择与塑料薄膜亲和性好的油墨印刷，对塑料薄膜重新进行表面处理，提高表面张力。

6.2.5　凹版印刷品的质量要求

凹版印刷除用于印刷书刊、报纸外，主要还用于印刷包装装潢材料。按照凹版印刷的特点，印刷品应达到以下的质量要求：

（1）单色凹版印刷品：亮、中、暗调层次分明、协调、细腻；网点清晰、完整；版面均匀整洁。

（2）彩色凹版印刷品：图像亮、中、暗调层次分明、协调、细腻；颜色自然、协调；网点清晰、完整，角度准确；图像轮廓清晰，套印允许误差如表6-3所示。

表6-3　凹印套印误差　　　　　　　　（单位：mm）

部位	精细印刷品			一般印刷品		
	四开	对开	全开	四开	对开	全开
主体部位	<0.10	<0.15	<0.20	<0.20	<0.30	<0.50
一般部位	<0.15	<0.20	<0.30	<0.30	<0.40	<0.60

（3）印刷品外观：版面干净、均匀、无明显脏痕。图像和文字的位置准确。印刷接版色调基本一致，精细印刷品尺寸误差不大于0.5mm，一般印刷品尺寸误差不大于1.0mm，正反面套印尺寸误差不大于1.0mm。

6.3　柔性版印刷

柔性版印刷是一种直接轮转印刷方法，是指使用柔性印版并通过网纹传墨辊传递油墨的凸版印刷方式。它是目前凸版印刷中应用最广的印刷方式。柔性版是由橡胶版、感光性树脂版等柔性材料制成的凸版的总称。

6.3.1　柔性版印刷的特点

与凹版印刷、平版印刷以及传统的凸版印刷相比，柔性版印刷具有自己鲜明的特点：

1. 设备投资少，见效快，效益高

由于柔性版印刷机的传墨装置简单，印刷机成本较凹印机投资少，但它却能做凹版印刷的工作。此外，柔性版印刷机集印刷、模切、上光等多种工序于一体，多道工序能够一次完成，不必再另外购置相应的后加工设备，具有很高的投资回报性，同时也大大缩短了生产周期，节省了人力、物力和财力，降低了生产成本，提高了经济效益。

2. 操作及维护简便

柔性版印刷机采用网纹传墨辊输墨系统，与胶印机和凹印机相比，省去了复杂的输墨机构，从而使印刷机的操作和维护大大简化，输墨控制及反应更为迅速。另外，印刷机一般配有一套可适应不同印刷长度的印版滚筒，特别适合规格经常变更的包装印刷品的印刷。

3. 印刷速度高

柔性版印刷由于印刷机构简单，它的印刷速度大为提高。它的印刷速度一般是胶印机和凹印机的1.5～2倍，能够实现高速印刷。

4. 应用范围广泛

柔性版印刷具有一般凸版印刷的特点，另外，由于它的印版具有柔软性，使它的应用范围变得更加广泛。它涉及书刊插页、商业表格、包装卡纸、瓦楞纸、商标、薄膜包装、纸质软包装、纸袋、塑料袋、容器、纤维板及胶带等多种印刷领域。

5. 绿色环保

柔性版印刷采用的是新型的水基性油墨和溶剂型油墨，无毒、无污染，完全符合绿色环保的要求，也能满足食品包装的需要。

6.3.2 柔性版印刷机

柔性版印刷机是使用卷筒纸印刷的轮转机。印刷部分一般由2～8个机组组成，每个机组为一个印刷单元。按照机组的排列方式分为卫星式、层叠式和并列式三种形式。

卫星式柔性版印刷机的几个印刷单元排列在压印滚筒的周围，如图6-5所示。这种印刷机套印准确、印刷精度高，但只能进行单面印刷。

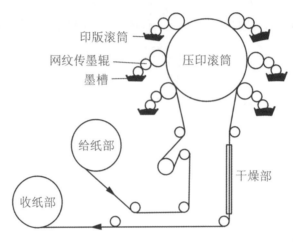

图6-5　卫星式柔性版印刷机

层叠式柔性版印刷机是在主机的两侧将单色机组相互重叠起来进行印刷，如图6-6所示。每一单色机组均有独立的压印滚筒，各机组都由主机齿轮链条传动。这种印刷机可以进行正、反面印刷，机组间的距离能够调整，检修某一单色机组时不需要停机，部件的调换和洗涤也很方便。但这种

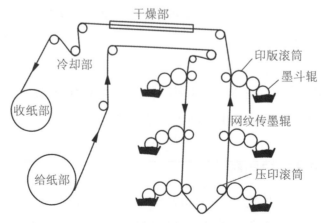

图6-6　层叠式柔性版印刷机

印刷机套印精度差，不适宜印刷伸缩性较大或较薄的承印材料。

并列式柔性版印刷机的各单色机组独立分开，机组间按水平的直线排列，由一根公用轴驱动，如图6-7所示。这种印刷机印刷质量好，操作方便，但占地面积较大。

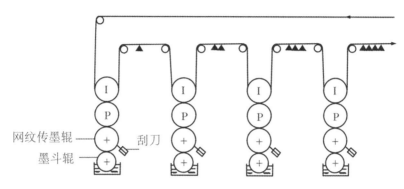

图6-7 并列式柔性版印刷机

无论哪一种柔性版印刷机，主要由输卷部分、印刷部分、干燥部分、复卷部分等组成。

1. 输卷部分

柔性版印刷机的输卷部分是由设在装纸轴内的卡纸装置或轴内的气胀装置，通过光电管探测头来控制输纸的。在输纸时，必须使纸张呈直线状进入印刷部分，而且要求当印刷机转速变动或停机时，卷筒纸的张力能消除纸张上的褶皱并防止纸张下垂。

2. 印刷部分

柔性版印刷机的每一印刷机组都是由印版滚筒、压印滚筒、供墨系统组成。

供墨系统是柔性版印刷机组的核心，柔性版印刷机的供墨系统与普通的凸版、平板印刷机不同，它是由金属网纹辊与金属（或硬度较高、耐磨性好的高聚合物材料）刮墨刀组成的"短墨路"输墨系统，如图6-8所示。

金属网纹传墨辊是柔印机的供墨辊，其表面有凹下的墨穴或网状线槽，

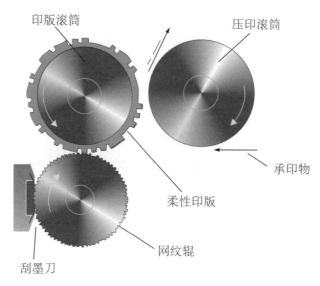

图6-8　柔性版印刷机的印刷

这些墨穴或线槽是用于印刷时控制油墨传送量的。采用网纹辊不仅简化了输墨系统的结构，而且可以控制墨层厚度，为提高印品质量提供了重要保证，被人们誉为柔印机的"心脏"。网纹辊的质量与线数对传墨量的多少，以及墨层厚度的均匀性有重要影响。

　　网纹传墨辊主要通过电子雕刻或激光雕刻制取，金属网纹辊的质量直接关系到供墨效果和印刷质量。网纹辊网穴的结构形状有尖锥形、格子形、斜线形、蜂窝状形等，现在用得较多的是蜂窝状网穴，如图6-9所示。

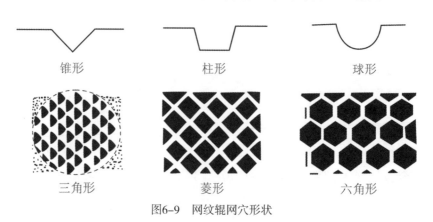

图6-9　网纹辊网穴形状

刮墨刀起到刮除网纹辊表面多余油墨的作用。为了保证供墨效果和提高网纹辊的使用寿命，要调整好刮墨刀与网纹辊形成的角度，一般控制在30°～40°之间。

柔性版印刷机的印版滚筒一般采用无缝钢管。根据滚筒体结构特点的不同，印版滚筒主要分两种形成，即整体式和磁性式。采用整体式的滚筒结构，对于卷筒纸柔性版印刷机来说，装版时需用双面胶带将印版粘贴在印版滚筒体表面。磁性式印版滚筒的表面由磁性材料制成，而印版基层为金属材料，装版时利用印版与磁性材料间的磁性吸引力直接将其固定在印版滚筒上。

压印滚筒是一个光面的金属滚筒，其作用是使承印材料与柔性版轻轻接触，达到油墨转移的目的。

柔性版印刷机每个独立的印刷机组除印刷外，还具有横向、纵向的套准校正的功能，自动保持其套准位置，自动控制网纹辊位置及印版滚筒的离合压装置等多种功能。停机时，辅助马达还可保持网纹辊匀速转动，防止油墨干涸。

3. 干燥部分

柔性版印刷机附有干燥设备，有机组间干燥和后部总干燥两种方式。按照印刷产品及使用的油墨的不同，可分别选用红外线、紫外线干燥单元，亦可选用紫外线和红外线混合型干燥单元，还可以采用冷或热吹送系统对印张进行干燥，防止发生混色和墨迹沾脏的故障。

4. 复卷部分

柔性版印刷机的收纸部分即复卷部分，是在普通的轴承上装有一根轴，通过铁心夹盘固定住卷纸辊，复卷印刷后的印张。

目前，许多柔性版印刷机配备了切割分卷或模切加工的设备，使柔性版印刷机的生产效率更高。

6.3.3 柔性版印刷工艺

柔性版印刷使用高弹性的凸版，质地柔软。印刷时，印版直接与承印物接触，印刷压力较轻，所以对柔性版的平整度要求比金属版的要求要高。影响印版平整度的因素，除了印版本身的平整度以外，还要注意印版版基、印版滚筒的整洁度和平整度。

6.3.3.1 清洗印版滚筒和印版版基

在粘贴印版之前，先要用细纱布把印版滚筒表面及印版版基上的油迹、污脏及感光聚合物残痕等全部清洗掉。

6.3.3.2 粘贴印版

按照印版的位置将双面胶带粘贴到印版滚筒上，然后把柔性印版按定位位置排列粘贴在印版滚筒的胶带上。印版贴好后，其周围边缘需加密封胶，防止印刷或清洗印版时油墨和溶剂侵蚀粘版的双面胶带，避免印版与滚筒之间发生脱壳现象。

6.3.3.3 印刷

高流动性的油墨从容器中被转移到橡皮辊上，然后转移到网纹传墨辊上。网纹辊表面有许多细小的凹槽，用来吸附油墨，多余的油墨则用刮刀刮除。留在网纹辊凹槽中的油墨，随后转移到凸版上的柔软版面的图像区域。这个印版上的油墨区就在承印材料上形成一个印痕，轻压印痕接触在平滑的印刷辊上，就完成了油墨的转移。最后，油墨用烘箱或用紫外线辐射进行快速干燥。

6.3.4 常见的印刷故障

凸版印刷中，经常发生的故障有：背面蹭脏、油墨的透印、飞墨、静电等。

1. 背面蹭脏

印在承印物上的油墨，粘在另一印张的背面，造成蹭脏。要防止背面蹭脏，一般在印刷机的收纸部分安装喷粉装置，使细微颗粒的碳酸钙分散在印张之间。另外，加速油墨的干燥，减少印张垛码的高度，在印张之间放入吸墨性良好的纸张等对蹭脏现象均有抑制作用。

2. 油墨的透印

油墨的透印是指在印张的背面能看见正面印迹的现象。防止油墨的透印，可以选择紧度大的纸张印刷，也可以增大油墨的黏度，适当地降低印刷压力。

3. 飞墨

油墨的细小微滴，飞散在空气之中的现象叫飞墨，也叫油墨的雾散，是高速轮转凸版印刷机最常见的故障。要减缓飞墨现象，可以增加印刷车间的湿度，使用具有导电性的油墨，如水性油墨。

4. 静电

印刷过程中，纸张不易分离、收纸台上纸收不齐或输纸台上纸张歪斜而导致套印不准等，都有可能是静电引起的。消除印刷静电，一般采用的方法是在印刷机上安装静电消除器，使印刷机周围的空气离子化，从而将纸张上的正、负静电中和。也可以在印刷机的周围或压印滚筒的后上方，喷洒适量的水雾来消除纸张上的静电。此外，增大印刷车间的湿度，也有利于静电的消除。

6.3.5 凸版印刷品的质量要求

产品质量是指产品适用某种用途并能满足人们一定需要的特性。印刷品的用途繁多，品种不一，印刷方法各有差异，根据凸版印刷的工艺和设备，印刷品质量应达到以下几点要求：

（1）尺寸：精细产品开本尺寸的允许误差为0.5mm，一般产品为1.0mm。

（2）压力、墨色：印刷幅面的压力、墨色均匀。精细产品要求文字印迹清楚完整，一般产品要求无明显缺笔断划。

（3）印刷书页幅面均匀度：精细产品的幅面均匀度应大于15/16，一般产品的幅面均匀度应大于14/16。

（4）套段：印刷书页中，各版面正、反套印准确，其套印误差精细产品小于1.5mm，一般产品小于2.5mm。

（5）外观：印刷书页整洁，无糊版、钉影、脏痕，无缺笔断划。

6.4 丝网印刷

平版、凹版、凸版三种印刷方式都是由印版表面将油墨转移到承印物上，而丝网印刷是一种通过印版上的网孔，使油墨漏印到承印物上的印刷方式，如图6-10所示。

由于丝网印刷是通过网孔将油墨漏印到承印物表面，所以丝网印刷可使用的油墨种类非常多，广泛运用于电子工业、陶瓷贴花工业、纺织印染行业。近年来，包装装潢、广告、招贴标牌等也大量采用丝网印刷。

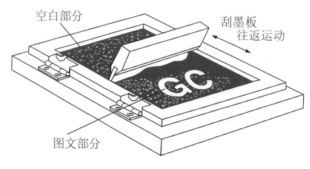

空白部分　　刮墨板往返运动

GC

图文部分

图6-10　丝网印刷图示

6.4.1 丝网印刷的特点

1. 印刷适应性强

平印、凹印、凸印三大印刷方法一般只能在平面承印物上进行印刷，而丝网印刷不仅能在平面上印刷，还可以在曲面、球面及凹凸面的承印物上进行印刷。另一方面，由于丝网印版版面柔软且具有一定的弹性，印刷压力又小，所以丝网印刷不但可以在硬质材料上印刷，还可以在软质材料及易碎的物体上印刷，不受承印物质地的限制。除此之外，丝网印刷除了直接印刷外，还可以根据需要采用间接印刷方法印制，即先在明胶或硅胶版上进行丝网印刷，再转印到承印物上。因此，丝网印刷适应性很强，应用范围广泛。

2. 墨层厚实，立体感强

不同印刷方式其承印物上的墨层厚度是不一样的，胶印和凸印的墨层厚度一般约为$5\mu m$，凹印的墨层厚度约为$12\mu m$，柔性版印刷的墨层厚度约为$10\mu m$，而丝网印刷的墨层厚度远远超过了上述墨层的厚度，一般可达$30\mu m$左右。丝网印刷墨层厚，立体感强，这是其他印刷方法不能达到的。

丝网印刷不仅可以单色印刷，还可以进行套色和加网彩色印刷。

3. 耐光性能强，色彩鲜艳

由于丝网印刷具有漏印的特点，所以它可以使用各种油墨及涂料，不仅可以使用浆料、黏结剂及各种颜料，也可以使用颗粒较粗的涂料。除此之外，丝网印刷油墨的调配方法简便，例如，把耐光颜料直接放入油墨中调配，可使丝网印刷产品具有较强的耐光性，更适合于在室外作广告、标牌之用。

4. 印刷幅面大

目前一般凸版、胶印等印刷方法的印刷幅面最大为全张或双全张，超过这一尺寸，就受到机械设备的限制。而丝网印刷可以进行大面积印刷，当今丝网印刷产品最大幅面可达$3m \times 4m$，甚至更大。丝网印刷还能在超小型、超高精度的特种物品上进行印刷。这种特性使丝网印刷有着很大的灵活性和广泛的适用性。

6.4.2　丝网印刷机

丝网印刷适应性很强，不仅适用于一般的纸张印刷，而且还可在塑料、陶瓷、玻璃、线路等承印物上印刷，因此，丝网印刷应用于各个领域。丝网印刷无论是应用在哪个行业，印刷的原理是基本相同的。但是，由于各种承印物的化学性质和物理性质的不同，以及行业的要求不同，所以各行业的丝网印刷又有其特殊性，它们在实际应用中形成了各自相对独立的丝网印刷系统。

6.4.2.1 平面丝网印刷机

平面丝网印刷机是指在平面承印物上进行印刷的丝网印刷机，它是目前应用最为广泛的印刷机类型。丝网版被安装在印版铝合金框架上，框架上配有控制印版上下运动的机构和橡皮刮板，每印一张，丝网框上下运动一次，同时橡皮刮板作一次来回运动，如图6-11所示。

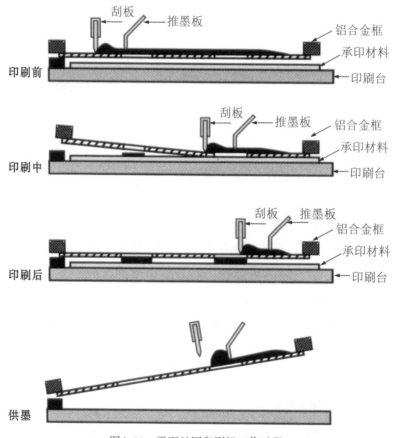

图6-11 平面丝网印刷机工作过程

平面丝网印刷机常用承印物有纸张、纸板、线路板、纺织品、塑料板及塑料薄膜等。

6.4.2.2　曲面丝网印刷机

曲面丝网印刷机的承印物是圆柱或圆锥形的容器，丝网印版为平网或圆网，刮板固定在印版上方，如图6-12所示。在印刷过程中，丝网印版作水平移动、水平摆动或旋转，承印物绕自身轴心作旋转，同时刮板在一定压力下，使丝网印版与承印物接触进行印刷。

曲面丝网印刷机对承印物的适应性非常广泛，连续印刷效率高，可一次进行多色印刷，精度也较高，适用于塑料、金属、陶瓷、玻璃器皿等各种成型物的单色或套色印刷。

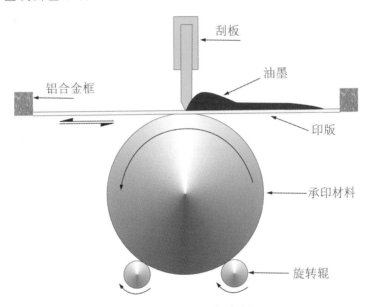

图6-12　曲面丝网印刷过程

6.4.3　丝网印刷工艺

以平面丝网印刷为例，说明丝网印刷的一般工艺过程。

6.4.3.1　印前准备

印前准备包括对承印物进行预处理，网版的安装与调整，版面与承印物的间隙调整，确定承印物的位置（即定位），调配油墨等事项。

6.4.3.2 刮墨板调整

刮墨板在丝印中是非常重要的工具，对印品的质量起着关键作用。刮墨板是由具有一定硬度的天然橡胶、硅橡胶、聚氨酯橡胶等制成的，它们具有良好的弹性、耐磨性。刮墨板的形状有直角、尖圆角、圆角、斜角等，应根据承印物的材质和形状来选择刮墨板。

根据所要求的墨层厚度，调整刮墨板的刮印角度。所谓刮印角是指在刮墨板刮印时的前进方向上，刮墨板与丝网印版之间的夹角。刮印角的大小对油墨转移量有一定的影响，刮印角度越大，漏墨量越少；刮印角度越小，漏墨量越大。

6.4.3.3 印刷

首先试印，根据试印的结果，调节机器各个部件，直至得到满意的印刷品。

影响印刷质量的因素有很多，除网距、刮印角、油墨黏度外，还有印刷压力和印刷速度等。

印刷压力是指刮墨板对网版施加的压向承印物面的力。印刷压力过小，油墨不能完全从网版蚀空的部分通过，造成墨层较薄，甚至印迹缺墨。印刷压力过大，网版承受过大的压力，易引起网版松弛，影响印刷精度。

刮印速度是指在印刷过程中刮墨板的移动速度，刮印速度与出墨量成反比。因此，细线条宜用较快速度，要求墨层厚的印刷品印刷时刮印速度应较慢。

6.4.3.4 印后干燥

丝网印刷墨层厚，油墨干燥缓慢，需要用干燥架晾干，或者用回转移动式干燥机干燥。要提高印刷品的干燥速度，可选用红外、紫外油墨印刷，用红外、紫外干燥器干燥。

6.4.4 常见的印刷故障

丝网印刷中的故障，一般是由印版、刮板、油墨等引起的。

1. 印品着墨不良

印品着墨不良是指印刷品上墨色浅淡、不均匀。排除的方法有：更换与承印物相匹配、附着性能好的油墨，添加减缓油墨干燥的助剂，降低油墨干燥速度，加大刮板的压力。

2. 滋墨

滋墨是指印品层次并级，网点糊死的现象。排除的方法有：添加原墨，提高油墨的浓度，提高印刷速度，降低刮印压力，减少印版的供墨量，适当地增大刮板与印版的角度。

3. 透印

透印是指印刷品的背面透过油墨或有溶剂扩大的污迹。排除的方法有：更换渗透小的油墨印刷，降低刮板压力。

4. 印品长时间不干、相互黏合

排除的方法有：使用快干稀释剂，增加油墨的干燥性。

5. 版面堵网

版面堵网是指油墨堵塞丝网印版的网孔，不下墨。排除的方法有：添加缓干的稀释剂，降低油墨干燥速度。使用指定的溶剂，适当降低油墨的黏度。

6. 印版脱胶漏墨

印版脱胶漏墨导致印品空白部分出现较大面积的墨污。排除方法有：选用耐油墨溶蚀的感光胶制版，选用软质的橡胶刮板刮印，脱胶十分严重时需重新制版。

6.5　印后加工工艺

6.5.1　覆膜

印刷品覆膜工艺（简称贴膜或覆膜），就是将塑料薄膜涂上黏合剂，与纸印刷品经加热、加压后黏合在一起，形成纸塑合一的产品加工技术。经覆膜的印刷品，由于表面多了一层薄而透明的塑料薄膜，表面更加平滑光亮，从而提高了印刷品的光泽度和牢度，图文颜色更鲜艳，富有立体感，同时还起到防水、防污、耐磨、耐折、耐化学腐蚀等作用。

6.5.1.1 覆膜的特点及应用

覆膜属干式复合。热压复合前，黏合剂涂布装置将胶液均匀地涂敷于塑料薄膜表面，经干燥装置干燥后，由复合装置对塑料薄膜与印刷品进行热压复合，最后获得纸塑合一的产品，其截面如图6-13所示。

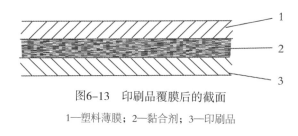

图6-13　印刷品覆膜后的截面

1—塑料薄膜；2—黏合剂；3—印刷品

从图6-13可以看出，覆膜产品的黏合牢度取决于薄膜、印刷品与黏合剂之间的黏合力。实现一定黏合强度主要通过改善黏合剂分子在薄膜和印刷品表面的润湿性、扩散性和渗透性。

印刷品覆膜是印刷品表面装饰加工技术之一，是印刷的辅助工艺。覆膜工艺广泛应用于书刊、画册、封面、各种证件、广告说明书的表面装饰以及各种纸制包装制品的表面装满处理。

6.5.1.2 覆膜工艺

覆膜的工艺流程为：工艺准备→安装塑料薄膜滚筒→涂布黏合剂→烘干→设定工艺参数（烘道温度和热压温度、压力、速度）→试覆膜→抽样检测→正式覆膜→复卷或定型分割。

1. 工艺准备工作

覆膜生产的准备工作一般应包括：待覆印刷品的检查、塑料薄膜的选用以及黏合剂的配制等。

（1）待覆印刷品的检查。待覆膜印刷品的检查，有别于普通印刷品的质量检查。主要应针对对覆膜影响较大的项目，如表面是否有喷粉，墨迹是否充分干燥，印刷品是否平整等，一旦发现问题，应及时采取处理措施。

（2）塑料薄膜的选用。常用的塑料薄膜有：聚氯乙烯（PVC）、聚丙烯（BOPP）和聚酯（PET）薄膜等。其中BOPP薄膜（15～20pm）柔韧、无毒性，而且平整度好、透明度高、光亮度好，并具有耐磨、耐水、耐热、耐化学腐蚀等性能，此外，它的价格便宜，是覆膜工艺中较理想的复合材料。

覆膜工艺对塑料薄膜的质量要求：厚度直接影响薄膜的透光度、折光度、薄膜牢度和机械强度等，根据薄膜本身的性能和使用目的，覆膜薄膜的厚度以0.01～0.02mm为宜。须经电晕或其他方法处理的，薄膜处理面的表面张力应达到4Pa，以便有较好的湿润性和黏合性能，电晕处理面要均匀、一致。薄膜的透明度越高越好，以保证被覆盖的印刷品有最佳的清晰度。

（3）黏合剂的配制。国内使用的黏合剂的品种较多，主要有聚氨酯类、橡胶类以及热塑高分子树脂等。其中以热塑性高分子类胶粘剂的使用效果最好。

各种黏合剂应符合以下要求：色泽浅、透明度高；无沉淀杂质；使用时分散性能好，易流动，干燥性好；溶剂无毒性或毒性小；黏附性能持久良好，对油墨、纸张、塑料薄膜均有良好的亲附性；覆膜产品长期放置不泛黄、不起皱、不起泡和不脱层；具有耐高温、抗低温、耐酸碱以及操作简便、价格便宜等特点。

2. 安装塑料薄膜卷筒

将选定的薄膜按印刷品的幅面切割成适当宽度后，安装在覆膜机的出卷装置上，并将塑料薄膜穿至涂布机构上。要求薄膜平整无皱，张力均匀适中。如覆膜印刷品要做成纸盒，则须考虑留出接口空隙，否则粘接不牢。

3. 涂布黏合剂

首先，黏合剂的粘稠度应视纸质好坏、墨层厚薄、烘道温度及烘道长短、机器转动速度等因素而定。当墨层厚、烘道温度低、烘道短、机速快时，黏合剂的黏度应适当增大；反之，则相反。其次，应掌握涂布胶层的厚度，使之达到均匀、一致。涂层厚度应视纸质好坏及油墨层厚薄而定：表面平滑的铜版纸，涂布量一般为3～5g/m（厚约5μm）；表面粗糙、吸墨量大的胶版纸、白板纸，涂布量为7～8g/m（厚约8μm）。当然，墨层厚，涂布量应稍大；反之，则相反。但涂层过厚，易起泡、起皱；涂层过薄，则覆膜不牢。

4. 烘干

其目的是去除黏合剂中的溶剂，保留黏合剂的固体含量。烘道温度应控制在40～60℃之间，主要由过塑黏合剂中溶剂的挥发性来确定。胶层的干燥度一般控制在90%～95%，此时黏结力大，纸塑复合最牢。涂层不平或过干，会使黏结力下降，造成覆膜起泡、脱层。

5. 调整热压温度和辊间压力

热压温度根据印刷品墨层厚度、纸质好坏、气候变化等情况来调整，一般应控制在60～80℃。温度过高会超过薄膜承受范围，使薄膜受高热而变形，极易使产品曲卷、起泡、皱格等，且橡胶辊表面易烫损变形；温度过低，覆膜不牢，易脱层。

辊间压力应根据不同纸质及纸张厚度来调整。压力过大，纸面稍有不平整或薄膜张力不完全一致时，会产生压皱或条纹；压力长期过大，会导致橡胶辊变形，辊的轴承也会因受力过大而磨损。压力过小或不均匀，则会造成覆膜不牢或脱层。一般覆膜表面光滑、平整、结实的印刷品，压力为19～20MPa；覆膜表面粗糙松软的印刷品，压力为22～23MPa。

6. 机速的控制

机速越快，热压时间也就越短，因此温度可调高些，压力可加大些，黏合剂的黏度应大些；反之亦然。机速一般控制在6～10m／min为宜，机速过快或过慢都会影响覆膜质量。

7. 试样检测

试覆膜后抽出样张，按照产品标准，对抽样产品进行关键性能检测，要求达到表面光亮、平滑，以及无把皱折、气泡、脱层等。

8. 定型分割

如果是白板纸印刷品，覆膜后应立即分割；膜面朝上放置的铜版纸、胶版纸印刷品，应先复卷并放置24h后，才能分割，这样既可提高黏结度，又能防止单张纸卷曲。

6.5.1.3 印刷对覆膜的影响

1. 印刷品墨层厚度

墨层厚实的实地印刷品，往往很难与塑料薄膜黏合，不久便会脱层、起泡。这是因为，厚实的墨层改变了纸张多孔隙的表面特性，使纸张纤维毛细孔封闭，严重阻碍了黏合剂的渗透和扩散。而黏合剂在一定程度内的渗透，对覆膜黏合是有利的。

2. 印刷油墨的种类

需覆膜的印刷品应采用快固着亮光胶印油墨，该油墨的连结料是由合成树脂、干性植物油、高沸点煤油及少量胶质构成。合成树脂分子中含有极性基团，极性基团易于同黏合剂分子中的极性基团相互扩散和渗透，并产生交联，形成物理化学结合力，从而有利于覆膜；快固着亮光胶印油墨还具有印刷后墨层快速干燥结膜的优势，对覆膜也十分有利。

3. 油墨冲淡剂的使用

油墨冲淡剂是能使油墨颜色变淡的一类物质，常用的油墨冲淡剂有白墨、维利油和亮光油等。

白墨属油墨类，由白墨颜料、连结料及辅料构成。劣质白墨有明显的粉质颗粒，与连结料结合不紧，印刷后连结料会很快渗入纸张，而颜料则浮于纸面对黏合形成阻碍。

维利油是氢氧化铝和干性植物油连结料分散轧制而成的浆状透明体。氢氧化铝质轻，印刷后会浮在墨层表面，覆膜时使黏合剂与墨层之间形成不易察觉的隔离层，导致黏合不上或起泡。

亮光油是一种从内到外快速干燥型冲淡剂，质地细腻、结膜光亮，具有良好的亲和作用，能将聚丙烯薄膜牢固地吸附于油墨层表面，是理想的油墨冲淡剂。

4. 喷粉的加放

为适应多色高速印刷，胶印中常采用喷粉工艺来解决背面蹭脏的问题。喷粉的防粘作用主要是在油墨层表面形成一层不可逆的垫子，从而减少粘连。若印刷过程中喷粉过多，这些颗粒浮在印刷品表面，使覆膜时黏合剂不是每处都与墨层黏合，而是与这层喷粉黏合，从而造成假粘现象，将严重影响覆膜质量。

5. 印刷品表面墨层干燥状况

纸张在墨迹未完全彻底干燥时覆膜，油墨中所含的高沸点溶剂极易使塑料薄膜膨胀和伸长，而塑料薄膜膨胀和伸长是覆膜后产品起泡、脱层的最主要原因。

6.5.1.4 常见故障及处理

影响覆膜质量的因素较多，除纸张、墨层、薄膜、黏合剂等自身因素外，还受温度、压力、覆膜速度、胶量等主观因素影响。这些因素处理不善，就会产生各种覆膜质量问题。

1. 黏合不良

因黏合剂选用不当，涂胶量设定不当，配比计量有误而引起的覆膜黏合不良故障，应重选黏合剂和涂覆量，并确认配比；若是印刷品表面状况不善，如有喷粉、墨层太厚、墨迹未干或未干彻底等而造成的黏合不良，则可用干布轻轻地擦去喷粉，或增加黏合剂涂布量，增大压力，以及采用先热压一遍再上胶的方法，或改用固体含量高的黏合剂，或增加黏合剂涂布厚度，或增加烘干道温度等办法解决；若是因黏合剂被印刷油墨及纸张吸收，而造成涂覆量不足，可考虑重新设定配方和涂覆量。

2. 起泡

若是印刷墨层未干透引起的起泡，则应先热压一遍再上胶，也可以推迟覆膜日期，使之干燥彻底；若是印刷墨层太厚，则可适当增加黏合剂涂布量，增大压力及复合温度；若是复合辊表面温度过高，则应采取风冷、关闭电热丝等散热措施，尽快降低复合辊温度；覆膜干燥温度过高，会引起黏合剂表面结皮而发生起泡故障，这时应适当降低干燥温度；因薄膜有皱折或松弛现象、薄膜不均匀或卷边而引起的起泡故障，可通过调整张力大小，或更换合格薄膜来解决；若是黏合剂浓度高、黏度大或涂布不均匀、用量少引起的起泡，应利用稀释剂降低黏合剂浓度，或适当提高涂覆量和均匀度。

3. 涂覆不匀

塑料薄膜厚薄不匀、复合压力太小、薄膜松弛、胶槽中部分黏合剂固化辊发生溶胀或变形等都会引起涂覆不匀。故障发生后，应尽快查出原因并采取相应措施。可以调整牵引力、加大复合压力，或是更换薄膜、胶辊或黏合剂。

4. 皱膜

皱膜的原因一般是薄膜传送辊不平衡，薄膜两端松紧不一致或呈波浪边，胶层过厚，电热辊与橡胶辊两端不平、压力不一致、线速度不等，对此可分别采取调整传送辊至平衡状态，更换薄膜，调整涂胶量并提高烘干道温度，调整电热辊与橡胶辊的位置及工艺参数等措施。

5. 覆膜产品发翘

覆膜产品发翘的原因是印刷品过薄，张力不平衡，薄膜拉得太紧，复合压力过大或温度过高等。相应的处理办法是尽量避免对薄纸进行覆膜加工；调整薄膜张力，使之达到平衡；或适当减小复合压力，降低复合温度。

6.5.2　上光

上光就是在印刷品表面涂敷（或喷，或印）上一层无色透明的涂料，经流平、干燥、压光后，在印刷品的表面形成薄而均匀的透明光亮层。上光加工是改善印刷品表面性能的一种有效方法。

6.5.2.1　上光的特点及应用

印刷品上光实质是通过上光涂料在印刷品表面的流平、压光，使纸张表面呈现光泽的一种工艺。由于上光时涂上的涂料薄层具有高的透明性和平滑度，因而不仅能使印刷品表面上呈现出新物质的光泽，而且又能使印刷品上的原有图文的光泽透射出来。

上光加工通过涂料在印刷品表面的流平使之成为光滑的表面，不仅可以增加其表面平滑度，使之呈现出更强的光泽，而且能够对印刷图文起到保护作用，因而被广泛地应用于包装装潢、书刊封面、画册、商标、广告、挂历、大幅装饰、招贴画等印刷品的表面加工中。

6.5.2.2 上光工艺

印刷品的上光工艺过程一般包括上光涂料的涂布和压光两项操作。

上光涂料的涂布，即采用一定的方式，在印刷品的表面均匀地涂布上一层上光涂料的过程。

上光涂布的质量要求是：在涂布表面上的涂层均匀、涂布量适宜、流平性好，并与印刷品表面有一定的黏着力。

在印刷品表面上涂布上光涂料之后，通常尚需经过压光机压光。压光机压光能够改变干燥后的上光涂层的表面状态，使其形成理想的镜面。

6.5.2.3 影响上光质量的工艺因素

1. 影响上光涂布质量的工艺因素

上光涂布过程，实质是上光涂料在印刷品表面流平并干燥的过程。主要影响因素有印刷品的上光适性，上光涂料的种类和性能，涂布加工工艺条件等。

（1）印刷品的上光适性是指印刷品承印的纸张及印刷图文性能对上光涂布的影响。在上光涂布中，上光涂料容易在高平滑度的纸张表面流平。在干燥过程中，随着上光涂料的固化，能够形成平滑度较高的膜面。故纸张表面平滑度越高，上光涂布的效果越好。纸张表面的吸收性强，溶剂渗透快，导致涂料黏度值变大，涂料层在印刷品表面流动的剪切应力增加，影响了上光涂料的流平而难以形成较平滑的膜层；相反，纸张吸收性过弱，使上光涂料在流平中的渗透、凝固和结膜作用明显降低，同样不能在印刷品表面形成高质量的膜层。

（2）上光涂料的种类不同，其性能也不同，即使在相同的工艺条件下，涂布、压光后得到的膜层状况也不相同。如上光涂料的黏度对涂料的流平性、润湿性有着重要的影响。同一吸收强度的纸张对上光涂料的吸收率与涂料黏度值成反比，即涂料黏度值越小，吸收率越大，会使流平结束得越早，引起印刷品表面局部涂料过多而影响到膜层干燥以及压光后的平滑度和光亮度。

不同表面张力值的上光涂料对同一印刷品的润湿、附着及浸透作用不同，其涂布和压光后成膜效果差异很大。表面张力值较小的上光涂料，能够润湿、附着、浸透各类印刷品的实地表面和图文墨层，流平成光滑而均匀的膜面；表面张力值大的上光涂料，使印刷品表面墨层的润湿受到限制，甚至上光后的涂层会产生一定的收缩从而影响成膜质量。溶剂的挥发性也对上光质量有影响，溶剂挥发速度太快，会使涂料层来不及流平成均匀的膜面；反之，又会引起上光涂料干燥不足，硬化结膜受阻，抗粘污性不良。

（3）涂布工艺条件的选定对涂布质量也有很大影响。涂布量太少，涂料不能均匀铺展整个待涂表面，干燥、压光后的表面平滑度差；涂布量太厚会影响干燥，增加成本。涂布机速、干燥时间、干燥温度等工艺条件也互相影响。机速快时，涂层流平时间短，涂层就厚，为获得同样的干燥效果，干燥的时间要久、温度要高；机速慢时，涂层流平时间长，涂层就薄，干燥时间可缩短，干燥温度可适当降低。

2. 影响压光质量的工艺因素

压光中，影响印刷品压光质量的主要因素是压光温度、压力和机速。

压光温度太高，涂料层黏附强度下降，变形值增大，印刷品含水量急减，这对上光和剥离过程是不利的；相反，热压温度太低，涂料层未能完全塑化，对印刷品的二次润湿、附着和渗透能力不足，涂料层的黏附作用差，因而压光效果差，压光后不易形成平滑度高的理想膜层。

压光压力大，有利于在涂层表面形成光滑的膜层；反之，表面就不易形成光滑的膜层。但压力过大时，会使印刷品因延伸性和可塑性降低而导致断裂。

在上光涂料与上光带接触时，其分子活动能力随涂层温度降低而逐渐减弱。如固化时间短，分子活动能力减弱速率快，涂料分子同印刷品表面墨层不能充分作用，涂料层对油墨层黏附强度就差，干燥、冷却后膜层表面平滑度就低。

压光中，还要根据上光涂料的种类、印刷品的上光适性等，综合考虑后合理地确定压光温度、压力和机速。

6.5.2.4 上光加工的故障及处理

上光中常见的故障有：

1. 膜面出现条痕或起皱

原因有：上光涂料的黏度值高，涂料来不及流平，导致出现条痕；涂布量过大（可以通过调整使涂布量降低）；上光涂料对印刷品表面墨层润湿性不好，影响干燥成膜的平滑性；涂料的流平性差；工艺条件与涂料适性不匹配等。

2. 印刷品互相粘连

原因有：上光涂料中溶剂的挥发性好，涂料的干燥性能不良；涂布膜层太厚，涂层内部的溶剂未完全挥发，残留量高；上光涂布或压光中工作温度低，干燥时间短而使涂层干燥不良。

3. 成膜膜层光泽度差

原因有：上光涂料的质量问题；涂层太薄，涂布量不足或涂料浓度小；上光涂布干燥和压光时的温度偏低，压光压力小；还有就是设备本身原因，如为压光钢带磨损，光泽平滑度下降等。

4. 压光后印刷品空白部分呈浅色，而浅色部位变色

原因有：上光涂料溶剂对油墨层有一定溶解作用；油墨干燥不良，墨层耐溶剂性能不好；涂料层干燥不彻底，膜层内溶剂残留量高等。

5. 涂层不均匀，有气泡、麻点等

原因有：上光涂料表面张力值大，对印刷品表面墨层的润湿作用不好；

涂料中的溶剂挥发不良，涂层内溶剂残留量高；上光涂布中机速过快，干燥温度低，使涂层干燥不彻底，溶剂挥发不完全；印刷品表面的油墨层也会产生晶化现象影响上光涂布质量。

6. 膜面起泡

原因有：在压光过程中，压力过大；压光钢带的温度过高，使涂料膜层局部软化；上光涂料与压光工艺条件不匹配，使印刷品表面的涂料层冷却后，同上光带的剥离力差等。

7. 压光中，印刷品与上光带之间黏附不良

原因有：涂层太薄；涂料的黏度太低；压光的压力太小，压光温度不足等。

8. 印刷品压光后，表面易折裂

原因有：温度偏高，使印刷品在压光中脱水过多，含水量降低，因而纸质纤维变脆；压光中压力过大，使印刷品的延伸性和可塑性降低，韧性变差；上光涂料的后加工适性不良；后加工工艺条件选择不合适等。

9. 压光后两侧膜面亮度不一致

原因有：压光中，上光带两侧压力不相等，或上光带两侧磨损不一致；也可能是上光涂料两侧厚薄不均匀。

6.5.3　电化铝烫印

电化铝烫印是一种不用油墨的特种印刷工艺，它是借助一定的压力与温度，运用装在烫印机上的模版，使印刷品和烫印箔在短时间内相互受压，将金属箔或颜料箔按烫印模版的图文转印到被烫印刷品表面，俗称烫金。

6.5.3.1　电化铝烫印的特点及应用

电化铝烫印的图文呈现出强烈的金属光泽，色彩鲜艳夺目。尤其是金银电化铝，以其点缀印刷品表面使印刷品显得富丽堂皇、精致高雅，其光亮程度大大超过印金和印银，使产品具有高档的质感，同时由于电化铝箔具有优良的物理化学性能，又起到了保护印刷品的作用。所以电化铝烫印工艺被广泛应用于高档、精致的包装装潢、商标和书籍封面等印刷品上，以及家用电器、建筑装潢用品、工艺文化用品等方面。该工艺可应用于纸、皮革、丝绸织物、塑料等材料上。

6.5.3.2 电化铝烫印工艺

电化铝烫印是利用热压转移的原理，将铝层转印到承印物表面。即在一定温度和压力作用下，热熔性的有机硅树脂脱落层和黏合剂受热熔化，有机硅树脂熔化后，其黏结力减小，铝层便与基膜剥离，热敏黏合剂将铝层粘接在烫印材料上，带有色料的铝层就呈现在烫印材料的表面。

电化铝烫印的操作工艺流程一般都包括以下几项内容：烫印前的准备工作→装版→垫版→烫印工艺参数的确定→试烫→签样→正式烫印。

1. 烫印前的准备工作

（1）烫料的准备。根据印刷品特性及烫印面积，选择合适的电化铝材料。

（2）烫印版的准备。烫印所用版材为铜版，其特点是传热性能好、耐压、耐磨、不变形。一般要求使用1.5mm以上的厚版材，图文腐蚀深度应达到0.5～0.6mm。这样在烫印时可以减少出现连片和糊版，以利于保证烫印质量。

2. 装版

将制好的烫印版固粘在机器上，并将规矩、压力调整到合适的位置。

3. 垫版

印版固定后，即可对局部不平处进行垫版调整，使各处压力均匀。使用衬垫的目的，是使印刷品与印版版面具有良好的弹性接触，从而提高电化铝烫印的质量。

4. 烫印工艺参数的确定

烫印的工艺参数主要包括烫印温度、烫印压力及烫印速度，理想的烫印效果是这三者的综合效果。

烫印温度的一般范围为70～180℃。最佳温度确定之后，应尽可能自始至终保持温度恒定，以保证同批产品的质量稳定。烫印压力要比一般印刷的压力大，以保证电化铝能够黏附在承印物上，并对电化铝烫印部位进行剪切。印刷速度必须与压力、温度相适应，以保证烫印质量。

上述三个工艺参数确定的一般顺序是：以被烫物的特性和电化铝的适性为基础，以印版面积和烫印速度来确定温度和压力；温度和压力两者首先要确定最佳压力，使版面压力适中、分布均匀；在此基础上，最后确定最佳温度。从烫印效果来看，以较平的压力、较低的温度和稍慢的车速烫印是理想的。

5. 试烫、签样、正式烫印

烫印工艺参数确定之后，可进行印刷规矩的定位，然后试烫数张。烫印质量达到规定要求，并经签样后，即可进行正式烫印。

6.5.3.3 电化铝烫印常见故障及处理

1. 烫印不上（或不牢）

烫印不上是电化铝烫印中最常见的故障之一。电化铝烫印不上或烫印不牢，首先要从烫印的印刷品的底色墨层上找原因。被烫印的印刷品油墨中不允许加入含有石蜡的撤粘剂、亮光浆之类的添加剂。因为电化铝的热熔性黏合剂即便是在高温下施加较大的压力，也很难与这类添加剂中的石蜡黏合。

厚实而光滑的底色墨层会将纸张纤维的毛细孔封闭，阻碍电化铝与纸张的吸附，使电化铝附着力下降，从而导致电化铝烫印不上或烫印不牢。

印刷时由于油墨干燥速度过快，在纸张表面会结成坚硬的膜，轻轻擦拭会掉下来，这种现象称为晶化。表面出现晶化的纸张无法使电化铝在其上黏附，从而造成烫印不上或不牢。

2. 反拉

所谓反拉，是指在烫印后不是电化铝箔牢固地附着在印刷品底色墨层或白纸表面，而是部分或全部底色墨层被电化铝拉走。反拉与烫印不上从表面上看不易区分，往往被误认为烫印不上，但两者却是截然不同的故障。

区分的简单方法是：观察烫印后的电化铝基膜层，若其上留有底色墨层的痕迹，则可断定为反拉。

产生反拉的原因：一是印刷品底色墨层没有干透；二是在浅色墨层上过多地使用了白墨作冲淡剂。

当然，在工艺允许的情况下，为避免反拉（包括烫印不上）的发生，最好在底色墨层的烫印部位在制版时就留出空白，使烫印电化铝不与墨层黏合，而与留出的空白黏合。

3. 烫印图文失真

烫印图文失真常表现为烫印字迹发毛、缺笔断面、光泽度差等。

烫印字迹发毛是温度过低所致，应将电热板温度升高后再进行烫印；若调整后仍发毛，则多是因为压力不够，可再调整压印板压力或加厚衬垫。字迹缺笔断面是电化铝过于张紧所致。烫印字迹、图案失去原有金属光泽或光泽度差，多为烫印温度太高所致。

6.5.4　凹凸压印

凹凸压印，又称压凸纹印刷，是印刷品表面装饰加工中一种特殊的加工技术，它使用凹凸模具，在一定的压力作用下，使印刷品基材发生塑性变形，从而对印刷品表面进行艺术加工。压印的各种凸状图文和花纹，显示出深浅不同的纹样，具有明显的浮雕感，增强了印刷品的立体感和艺术感染力。

6.5.4.1　凹凸压印的特点及应用

凹凸压印是浮雕艺术在印刷上的移植和运用，其印版类似于我国木版水印使用的拱花。印刷时，不使用油墨而是直接利用印刷机的压力进行压印，操作方法与一般的凸版印刷相同，但压力要大一些。如果质量要求高，或纸张比较厚、硬度比较大，也可以采用热压，即在印刷机的金属底版上接通电流。

近年来，印刷品尤其是包装装潢产品，呈现高档次、多品种的发展趋势，促使凹凸压印工艺更加普及和完善。凹凸压印工艺多用于印刷品和纸容器的后加工上，如包装纸盒、装潢用瓶签、商标以及书刊装帧、日历、贺卡等。包装装潢利用凹凸压印工艺，运用深浅结合、粗细结合的艺术表现方法，使包装制品的外观在艺术上得到更完美的体现。

6.5.4.2　凹凸压印工艺

1. 工艺方法

根据凹凸压印最终加工效果的不同，一般常用的工艺方法可分为以下几种：

（1）单层凸纹。印刷品经压印变形之后，其表面凸起部分的高度是一致的，没有高、低层次之分，并且凸起部分的表面近似为平面。

（2）多层凸纹。印刷品经压印变形之后，其表面凸起部分的高度不一致，有高、低层次之分，并且凸起部分的表面近似于图文实物的形状。

（3）凸纹清压。印刷品经压印变形之后，凸起部分同印刷品图文边缘相吻合，中间部位的形态、线条则可稍微自由一些，不必完全重合。

（4）凸纹套压。印刷品经压印变形之后，凸起部分同印刷品图文不仅边线相吻合，中间部位的每一个细部也要相吻合。

2. 装版

首先将凹凸印版与压印机的金属底板黏结。可以用胶布粘贴，但须先用砂布将印版背面打毛，以防打滑；也可以用粘胶剂粘版，但印版与底板之间应糊一层牛皮纸，避免金属与金属直接接触而造成脱版。

然后，用填料将印版固定在铁框中，并注意印版在铁框中的位置，尽量做到居中，使印版和机器在压印时受力平衡。

3. 凹凸压印

凹凸压印一般在平压式凸版印刷机、平压平型模切压痕机或特制的压凸机上进行。这类机器的共同特点是：压力大，结构坚固，能压制版面较大的凹凸产品。其操作方法也与普通凸版印刷相同，即将已印好的印刷品放在凹版与凸版之间，用较大的压力直接压印。压轧较厚的硬纸板时，可利用电热器将铜（钢）凹版加热，以保证压印质量。

6.5.4.3 凹凸压印常见故障及处理

常见故障及处理方法见表6-4。

表6-4 常见故障及处理方法

故障	产生原因	处理方法
图文轮廓不清	①垫版不平，压力不够	适当增加压力，调整垫版
	②石膏层分布不匀	用石膏浆修复
	③压印机精度差，凹版与石膏阳版不能密合，有位移	调整机器精度和石膏版位置
	④印数过多，使石膏版压缩变形	修补石膏版
	⑤纸张厚薄不均或有双张	杜绝双张；调换纸张
轮廓不清	①印版（凹版）雕刻位置不准	凹版图文小于印刷品，可在印版上修正；印刷图文大于印刷品（误差小时），可在凸版上修正；以上方法不行时，须重新制版
	②印刷品规格不一致	—
	③印刷中套印有误差	—
石膏凸版压印时破碎	①调石膏浆时，加入的胶水过少	适当增加胶水量
	②石膏粉质量不好，牢度及黏度不够	—
	③压印中突然增加压力	避免突然增加压力
	④双张和印刷品表面粘有杂物	避免双张及粘有杂物的印刷品输入
	⑤压印压力调整不合适	调整压力
表面斑点	①石膏粉或胶水中含有杂质	配石膏浆之前，仔细检查剔除杂质
	②印刷品表面有杂质	清除杂质
	③印刷品黏附上石膏屑及杂质	检查并清除杂质
压印途中走版	①压力不均匀	检查凸版平整度
	②印版粘接牢固度不够	检查粘接牢固度，或重新粘牢印版
	③压印时间过长，印版过热，黏合剂层有熔融现象	停机，降低印版温度

6.5.5 模切与压痕

模切工艺就是用模切刀根据产品设计要求的图样组合成模切版，在压力作用下，将印刷品或其他板状坯料轧切成所需形状和切痕的成型工艺。

压痕工艺则是利用压线刀或压线模，通过压力在板料上压出线痕，或利用滚线轮在板料上滚出线痕，以便板料能按预定位置进行弯折成型。用这种方法压出的痕迹多为直线型，故又称压线。压痕还包括利用阴阳模在压力作用下将板料压出凹凸或其他条纹形状，使产品显得更加精美并富有立体感。

在大多数情况下，模切压痕工艺往往是把模切刀和压线刀组合在同一个模版内，在楼切机上同时进行模切和压痕加工的，故可简单称之为模压。

6.5.5.1　模切压痕的原理及应用

模压加工技术主要是用来对各类纸板进行模切和压痕。模压加工操作简便、成本低、投资少、质量好、见效快，可大幅度提高制品档次，在提高产品包装附加值方面起着重要的作用。模压加工的这些特点，使其越来越广泛地应用于各类印刷纸板的成型加工中，已经成为印刷纸板成型加工不可缺少的一项重要技术。

模压前，需先根据产品设计的要求，用钢刀（即模切刀）和铜线（即压线刀）或钢模排成模切压痕版（简称模压版），将模压版装到模压机上，在压力作用下，将纸板坯料轧切成型并压出折叠线或其他模纹。模压版结构及工作原理如图6-14所示。

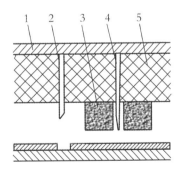
（a）脱开状态

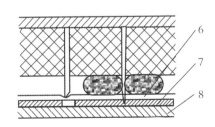
（b）压合状态

图6-14　模切压痕工作原理图

1—版台；2—钢线；3—橡皮；4—钢刀；5—衬空材料；6—纸制品；7—垫版；8—压板

钢刀进行轧切，是一个剪切的物理过程；而钢线或钢模则对坯料起到压力变形的作用；橡皮用于使成品或废品易于从模切刀刃上分离出来；垫版的作用类似砧板。根据垫版所采用材料的不同，模切又可分为软切法和硬切法两种。

6.5.5.2 模切压痕工艺

一般模切压痕工艺的流程为：

上版→调整压力→确定规矩→粘塞橡皮→试压模切→正式模切→整理清废→成品检查→点数包装。

以模切压痕加工的主要对象——纸盒为例，一般需要经过开料→印刷→表面加工→模切压痕→制盒的过程。

在模切压痕之前要制作模压版，模压版的格位必须与印刷的格位相符；而后在模切机上利用模压版按工艺流程对印后纸板进行加工。

将制作好的模压版，安装固定在模切机的版框中，初步调整好位置，获取初步模切压痕效果的操作过程称为上版。

接着调整版面压力。一般分两步进行。先调整钢刀的压力：垫纸后，先开机压印几次，目的是将钢刀碰平、靠紧垫版，然后用面积大于模切版版面（通常为$400\sim500g/m^2$）的纸板进行试压，根据钢刀切在纸板上的切痕，采用局部或全部逐渐增加或减少垫纸层数的方法，使版面各刀线压力达到均匀一致；再调整钢线的压力；一般钢线比钢刀低0.8mm，为使钢线和钢刀均获得理想的压力，应根据所模压纸板的性质对钢线的压力进行调整。

规矩是在模切压痕加工中，用以确定被加工纸板相对于模版位置的依据。在版面压力调整好以后，应将模版固定好，以防模压中错位。在确定并粘贴定位规矩以后，应先试压几张，并仔细检查。对折叠式纸盒，还应做成型规格、质量等检验。

橡皮粘塞在模版主要钢刀刃的两侧，利用橡皮弹性恢复力的作用，可将模切分离后的纸板从刀口部推出。橡皮应高出刀口 3～5mm，如图6-15所示。

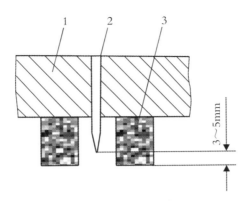

图6-15 粘塞橡皮示意图

1—衬空材料；2—钢刀；3—橡皮

在一切调整工作就绪后，应先模压出样张，并作一次全面检查，看产品各项指标是否符合要求，在确认所检各项均达到标准，留出样张后，即可正式开机生产。

对模切压痕加工后的产品，应将多余边料清除，称为清废，即将盒芯从坯料中取出并进行清理。清理后的产品切口应平整光洁。清理后再进行成品检查。

6.5.5.3 模切压痕中常见故障及处理

模切压痕加工中常见故障及处理可归纳为：

（1）模切压痕位置不准确。产生故障的原因是排刀位置与印刷产品不相符；模切与印刷的格位未对正；纸板叼口规矩不一；模切操作中输纸位置不一致；操作中纸板变形或伸张，套印不准。

（2）模切刃口不光。原因是钢刀质量不良，刃口不锋利，模切适性差；钢刀刃口磨损严重，未及时更换；机器压力不够；模切压力调整时，钢刀处垫纸处理不当，模切时压力不适。

（3）模切后纸板粘连刀版。原因是刀口周围填塞的橡皮过稀，引起回弹力不足，或橡皮硬、中、软性的性能选用不合适；钢刀刃口不锋利，纸张厚度过大，引起夹刀或模切时压力过大。

（4）压痕不清晰，有暗线、炸线。暗线是指不应有的压痕。炸线是指由于压痕压力过重、纸板断裂。引起故障的原因是：钢线垫纸厚度计算不准确，垫纸过低或过高；钢线选择不合适；模压机压力调整不当，过大或过小；纸质太差，纸张含水量过低，使其脆性增大、韧性降低。

（5）折叠成型时，纸板折痕处开裂。折叠时，如纸板压痕外侧开裂，其原因是压痕过深或压痕宽度不够；若是纸板内侧开裂，则是因为模压压痕力过大，折叠太深。

（6）压痕线不规则。原因是钢线垫纸上的压痕槽留得太宽，纸板压痕时位置不定；钢线垫纸厚度不足，槽形角度不规范，出现多余的圆角；排刀、固刀紧度不合适，钢钱太紧，底部不能同压板平面实现理想接触，压痕时易出现扭动；钢线太松，压痕时易左右窜动。

6.6 防伪涂布白卡纸在烟包印刷中的应用

6.6.1 烟包印刷材料的检测

现在烟厂不但要求烟包适于烟草包装、外观一致、无瑕疵，还要求其绿色环保，甚至对烟包中含有的化学成分都进行了控制，对烟包的要求远远超出了印刷标准中对"印刷品"指标的规定。具体来说，烟包检测指标有三大类。

（1）常规理化检测指标：纸张的规格、定量、白度、厚度、水分、粗糙度、耐折度，油墨的固含量、细度与纯度等。

（2）印刷适性检测指标：产品色相、套印精度、规矩、图案清晰度、墨层附着力、耐磨性、耐折性、条形码、模切无刀丝及粉尘等。

（3）烟包特性检测指标：色相、耐温性、防雾性、耐磨性、耐晒等级、耐折性、成型度、条形码、模切准确度、无异味等。

6.6.2　烟包印刷向多工艺组合方向发展

6.6.2.1　印刷方式的组合

烟包印刷品的特点是批量大、专色多、底色面积大，因此印刷企业多采用多色凹印机。而轮转凹印机由于具有效率高、墨色厚实的特点，在印量高达上千万枚的烟包印刷中更是优势明显。但是，在图像细节再现方面，凹印则无法与胶印相媲美。

与凹印相比，胶印具有周期短、成本低的优势，在目前烟厂烟包设计更换频繁，新品不断推出，且印量又不大的情况下，胶印就显示出较高的灵活性。目前，胶印在烟包印刷中所占比例越来越大。

从墨层厚度来讲，胶印墨层厚度约5μm，凹印墨层厚度约15μm，而网印墨层厚度可达30μm。网印墨层厚、立体感强的特点是其他印刷工艺无法比拟的。

因此，利用胶印来印刷网目调图像和渐变图案，利用凹印印刷大面积实地和专色以及金银色、珠光色等各种仿金属蚀刻油墨，利用网印实现冰花等特殊效果，充分发挥不同印刷工艺的特点，把几种印刷方式结合起来，珠联璧合，才能打造出高档的烟包产品。

6.6.2.2　后加工方式的组合

1. 扫金工艺

介于烫印和印金之间的一种工艺，其特点是速度快、成本较低，无论图文粗细、面积大小都能获得理想效果。金粉的色彩多种多样，如金色、银色、赤金色、红铜色、绿色、棕褐色、柠檬色、孔雀蓝等；颗粒度也各不相同，可表现出不同的视觉效果。

2. 全息烫印工艺

激光全息图是根据激光干涉原理，利用空间频率编码的方法制作而成。全息烫印工艺的机理是在烫印设备上通过加热的烫印模头将全息烫印箔上的热熔胶层和分离层加热熔化，在一定的压力作用下，将全息烫印箔的信息层与PET基材分离，使信息层与承烫面黏合，融为一体，达到完美结合。

全息烫印工艺有以下三种方法：①普通版全息图乱烫；②专用版全息图乱烫；③专用版全息图定位烫。其中第三种烫印方法近两年在高档烟包上使用较多。

3. 先烫后印工艺

为了突出表现烟包上特定的图案和标志，近年来有些印刷企业又推出了先烫后印工艺（先烫印电化铝，然后在电化铝上印刷图案）。这项工艺的关键是电化铝的烫印一定要牢固，在印刷的时候电化铝决不能被印刷油墨反拉下来，否则不但影响烟包质量，而且反拉下来的电化铝会很快堆积在橡皮布上，轻则造成图像网点丢失，重则造成局部图像印不上。随着机器的运转，电化铝粉末还会传递到墨辊系统，加速墨辊的磨损。因此，该工艺要根据印刷用纸的特点，选用合适的电化铝，确保电化铝能够牢固地附着在纸张表面。

4. 微压纹工艺

这项工艺是用微压版在铝箔纸图文部分压上各种细小纹路，所获得的产品具有烫印、压纹的效果，金属质感很强。

6.6.3 烟包组合工艺质量控制要点

1. 承印材料和油墨的印刷适性

不同的印刷方式对承印材料有不同的要求，组合印刷则要求承印材料对不同的印刷方式都能够适应。同时，不同的印刷方式对应不同的油墨，而不同油墨的干燥条件和时间又不同，且叠印后的兼容性也有待考证。这些问题都必须在实际生产之前经试验来验证与调节，最终选定适合某种组合工艺的承印材料与油墨的组合。

2. 印刷效率

组合工艺中，不同的印刷方式有不同的印刷速度。例如，胶印速度为

8000～11000张/时，网印速度为3000张/时，若采用"胶印+网印"的连线组合工艺，那么在整个印刷过程中只能"就低不就高"，降低胶印单元的印刷速度，使之与网印单元的印刷速度保持一致，才能保证生产的顺利进行；若采用"胶印+网印"的离线组合工艺，那么应相应增加网印机的数量，从而与快速生产的胶印相匹配。

3. 标准化

不同的印刷方式有不同的印刷工艺标准，不同印刷方式的设备有不同的设备标准。因此，组合印刷的应用给工艺标准和设备标准的制定带来了一系列问题，只能通过不断的实践和总结，才能逐步形成合理的相关标准。

4. 工序衔接

不同印刷方式之间套准缩放量的计算，以及印刷环境、设备精度、生产速度、不同材质印版的选用等都要互相协调。上道工序要有合适的工艺参数，才能确保下道工序的正常进行。

5. 质量控制重点

不同印刷工艺的产品有不同的质量评价方式和标准。大多数胶印包装印刷企业通常采用综合评价方式对胶印产品的墨色进行评价，而组合工艺的质量控制重点有所不同，应当兼顾组合工艺中所有工艺的质量评价标准，调节最佳工艺参数，使两个或多个工艺生产的产品都能符合各自的质量标准。例如，若在凹印、烫印后还需胶印，则需要采用胶带对烫印后的半成品进行烫印牢度检测。

6.6.4 烟包UV胶印常见问题分析

6.6.4.1 墨辊光釉

在UV胶印生产过程中，墨辊长时间高速运转会出现光釉现象，造成下墨不良，水墨平衡难以得到保证。

导致墨辊光釉的主要因素是润版液。首先必须确保润版液中的水为软性水，因为硬性水中钙、镁离子的含量较高，容易形成墨辊光釉。同时，润版液一些其他参数的控制也相当重要，如温度应控制在10℃，酒精含量应严格控制在12%～14%，电导率应控制在900～1300μs/cm。若润版液的电导率较高，其中所含的矿物成分会相应增加，容易导致墨辊光釉的产生，因此必须每天检测润版液的电导率，一旦发现电导率太高，应立即清洁水箱。

其次，选择正确的水斗液也相当重要。试验结果表明，采用不同品牌、不同型号的水斗液，导致墨辊产生光釉的程度也不一样。

此外，墨辊保养与维护不当也是导致光釉产生的重要原因。通常，UV胶印要确保在20万印左右时清洗一次墨辊，这样不但可以清除墨辊中的纸粉及金属物质，同时还可以清洗掉墨辊上轻微的光釉，防止墨辊光釉现象的重复发生。

6.6.4.2 墨辊膨胀

UV油墨的腐蚀性较强，所以时刻被UV胶印油墨包围的墨辊也会发生膨胀现象。当墨辊出现膨胀现象时，必须及时采取适当的处理措施，避免造成不良后果。最主要的就是防止膨胀造成墨辊压力过大，否则就会导致产生气泡、胶体断裂等，严重时甚至会对UV胶印设备产生致命的损伤。同时，压力过大时，墨辊发热会造成墨辊膨胀的恶性循环。如发现墨辊抖动严重，很可能就是墨辊膨胀所致。

试验证明，洗车水会影响到墨辊膨胀的程度。因此，必须选择合适的洗车水，防止或减少墨辊膨胀现象。另外，墨辊温度太高也会加剧其膨胀，通常串墨辊的温度应控制在18～24℃。

6.6.4.3 印刷不实

烟包UV胶印中出现的印刷不实问题一般可分为以下两种。

1. UV固化色组印刷不实

在这种情况下，要合理安排色序，应尽量避免打开色组间的UV灯。根据烟包UV胶印的特点，烟包上印刷条码的部位必须先用白墨打底两次，然后再印刷条码，以便于条码检测。在色组数量允许的情况下，应该安排白墨色组后空压一组，然后再经过UV固化，这样白墨的平实度会有明显改善。

如果没有多余的色组，应该把第一遍印刷的白墨墨层加厚，并进行UV固化，印刷第二遍白墨时将墨层减薄，且不对其进行UV固化，经过其他色组叠印后，也能达到平实的效果。

2. 大面积实地印刷不实

大面积实地印刷不实产生的因素较多，为避免大面积实地印刷不实，首先需检查墨辊压力是否正确，确保墨辊无光釉；确认润版液的工艺参数无误；橡皮布表面无污垢、针眼等。其次，油墨黏度也是一项很关键的指标，如果油墨黏度太高，其流动性就会变差，也会导致大面积实地印刷不实。因此，油墨黏度较高时可添加适量（2%左右）的调墨油，大面积实地印刷的平实度就会得到明显的改善。同时，生产中适当增加印刷压力，大面积实地的平实度也会有所改善。另外，试验证明，在大面积实地印刷后再空压一组，对提高大面积实地的平实度会有立竿见影的效果。

6.6.4.4　油墨反拉

在UV胶印中，油墨反拉是一种常见故障，主要是由于UV胶印油墨经紫外光照射后未完全固化，在承印物上附着不牢，在后序色组印刷压力的作用下，油墨被拉起并黏在其他色组的橡皮布上。出现油墨反拉现象时，通常可以通过减小UV固化色组水量，加大拉墨色组水量，减轻拉墨色组印刷压力等措施来解决。如果仍不能解决问题，通过在UV固化色组的油墨中添加适量的抗拉剂，可以使这一问题得到改善。另外，橡皮布老化也是造成油墨反拉的一个重要原因。

6.6.4.5　水墨平衡控制

与普通胶印油墨相比，UV胶印油墨的水幅控制范围比较狭窄，而烟包UV胶印通常采用吸水性不强的涂布白卡纸或金银卡纸，所以印刷时油墨特别容易乳化。乳化油墨堆积在墨辊上，并残留在印版和橡皮布上，容易造成糊版、起脏等印刷故障。

与普通胶印相比，UV胶印在刚开始印刷时墨斗中油墨的供给情况不是很好，所以常常会加大墨量进行印刷。印刷过程中随着油墨供给量的逐渐增多，UV胶印机上的墨量过剩，并造成油墨乳化。所以在烟包UV胶印中，刚开始印刷时要特别注意油墨和水的供给量，在印刷一段时间且水墨趋于平稳后，须逐步减少水墨供给量，不宜在水大墨大的情况下进行印刷。

第7章 防伪涂布白卡纸的发展趋势

7.1 国内涂布白卡纸的发展概况

7.1.1 近五年国内涂布白卡纸的产能及发展特点

根据近几年国内已经释放或即将投产的新增白卡纸产能统计（如图7-1所示），中国白卡纸产业近五年来成为中国造纸行业中产能增长最快速、最庞大的产业。特别是2013年，涂布白卡纸产能规模比2012年增加200万t以上，即从2012年下半年开始国内涂布白卡纸从产能总规模上而言已经开始面临产能过剩的格局。图7-2是2015年国内在建和计划建设的白卡纸产能分布，图7-3是2015年国内已投产白卡纸有效产能分布。

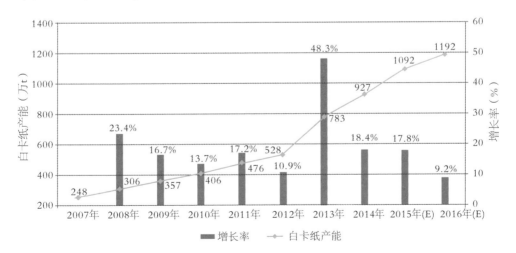

图7-1 国内涂布白卡纸产能增长情况

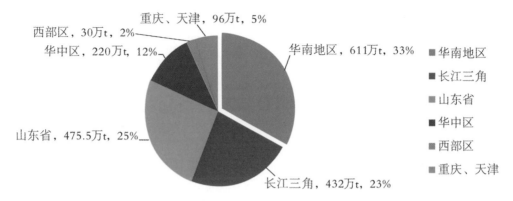

图7-2 2015年国内白卡纸产能分布（含在建和计划建设）

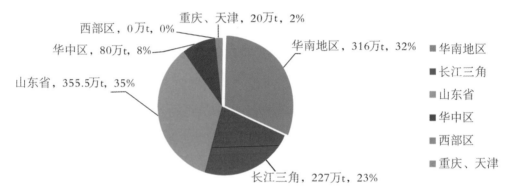

图7-3 2015年国内已投产白卡纸有效产能分布

中国涂布白卡纸产业目前的主要特征：

（1）涂布白卡纸产业在近五年里产能扩建过度，透支了未来相当一段时间里的产业发展空间，形成目前严峻的产能明显过剩格局，将导致"休眠产能"出现，并有增多的趋势；产业集中度比五年前明显降低；生产机台的开机率不足将是未来一段时期内的常态，休眠机台复工无期。

（2）涂布白卡纸生产线开机率明显偏低，白卡纸生产企业普遍处于低盈利状态，甚至亏损面较大，企业"保生存"的压力远大于"保利润"的压力。

（3）国内华南地区、山东省和长三角地区的涂布白卡纸的产能为前三位，实际产量以山东省最多，华南地区次席，再是长三角地区。

（4）中国涂布包装纸板（包括白卡纸）产业生产装备的硬件技术水平领先全球，生产工艺等软技术日渐成熟，并且得到普及，产业进入的技术门槛已明显降低。

（5）涂布白卡纸的规模优势得到了充分发挥，产品制造成本的空间已经压缩到接近极限；企业在高成本压力下运行，并且成本压力难以向价格传导。

（6）产业布局总体上更加合理，与产业资源的匹配更加密切、高效；新增同类建设项目明显减少，甚至基本上不会有大规模新建项目。

7.1.2　国内涂布白卡纸市场供求分析

图7-4所示，中国白卡纸行业供大于需，形势严峻。在中国经济发展状况持续良好的情况下，未来五年以上时间内都将处于过剩产能的消化时期。

图7-4　国内白卡纸供需现状与趋势预测（需求按照年增长率10%预测）

从各企业产能模式粗略估算：

（1）目前我国白卡纸产能规模中，由于受各生产企业技术能力、装备水平、市场定位以及市场策略等综合因素影响，预计在市场上达到中高端以上白卡纸的规模产能供应为200万t左右，在白卡纸产能规模总量中所占比例不足40%。

（2）普通白卡纸以及中低端白卡产能供应在350万t以上，占白卡纸产能规模总量的60%以上。

结合未来白卡纸的市场需求发展趋势，国内白卡纸在中高端层面上基本处于供求平衡格局，但在中低端层面则处于供大于求的市场格局，如表7-1所示。

表7-1　白卡纸细分市场需求状况与增长预测

序号	白卡纸细分品种	下游应用市场领域	需求量（万t）	所占比例	需求增长状况	未来预测
1	烟卡	香烟包装	72～73	16%	↑3%	缓慢平稳增长
2	液体包装原纸	无菌包、屋顶包	55～58	13%	↑12%	保持较快增长
3	食品卡纸（涂布、未涂布）	固体食品、防油食品包装、纸杯、餐盒、碗面等领域	55～60	13%	↑16%	保持较快增长
4	社会白卡纸	医药、化妆品、日用品、酒类、电子产品、服装等包装领域	250～260 医药：80 化妆品：40	58%	↑6%	高端医药、化妆品增长较快，其他领域缓慢增长
	合　计		430～450	1%	↑8%	整体需求增幅放缓，但在食品卡、液体包装、高端医药、化妆品市场增长较快

在白卡纸的细分市场领域中，预计通讯及IT产品包装、食品包装，医药与化妆品包装等市场领域的消费需求有可能维持10%左右的增长率，但在对外依存度较大的日用品、电子产品、服装、玩具包装等市场领域，预计消费需求增长率只有3%左右，甚至受到部分制造业向海外明显转移的影响，相应外源性订单为主的制造业产品包装需求萎缩。同时，受到电商急速增长以及消费者购买方式正在发生重大变化的影响，涂布白卡纸的需求特征也在发生明显变化。预计总体需求增长率保持在8%左右。

7.2 防伪涂布白卡纸的发展趋势

防伪纸张作为一种基础防伪材料因其具有检测方便、适应范围广泛、灵活性高、可靠性强等特点，应用越来越广，而且随油墨印刷、激光全息、计算机、光谱、生物等相关领域技术与造纸技术的有效结合，使得纸张防伪技术从过去的单一性向综合性发展的同时，防伪的可靠性、有效性也大大提高，因此重视和发展防伪纸张及其防伪技术，对防伪事业和满足众多领域的市场需求意义重大。

防伪涂布白卡纸作为一种功能性的印刷包装材料，因为其优越的印刷性能、优良的物理特性和防伪性能，已成功应用于各个行业。防伪涂布白卡纸比普通的涂布白卡纸，在功能特性、实用价值和经济效益上有更大的优势，其在烟用白卡、医药、化妆品等的包装纸品方面的市场需求越来越大，而在食品包装、液体产品包装等领域市场前景越来越看好。

7.2.1 涂布白卡纸的防伪技术现状

涂布白卡纸作为一种涂布纸板，由于其定量比普通纸张产品的大，而且具有多层结构，因此生产过程相对比较复杂。传统的防伪纸张的防伪技术除添加纤维丝、彩点加密的防伪技术外，其他的如水印防伪、油墨防伪、印刷防伪、信息技术防伪等不常用于防伪涂布白卡纸。目前国内涂布白卡纸防伪技术主要有：①在涂布时用带沟纹的刮棒涂上有颜色的涂料，形成一定纹理的有色涂层；②芯层染色；③芯层表面喷淋带状染料；④原纸用胶粘剂复合一层防伪层后，再在防伪层上面涂布；⑤底层有水印辊压出水印；⑥基纸内植有安全线；⑦纸浆纤维层中添加彩色纤维或荧光纤维或者荧光点；⑧本色纤维防伪。

以上技术总体基本可以满足当前涂布白卡纸市场应用的需要，并可实现从产品的包装材料上进行源头防伪，而且生产成本不高，防伪效果直观、明显，不需要专业仪器和专业知识，普通消费者用肉眼就能一目了然地区分出假冒伪劣产品。但其中不少防伪技术应用的时间已经长达20年，并且工艺技术相对简单，整个技术和防伪效果已经为人们熟知。随着市场的发展和需要，新的防伪技术和新的防伪涂布白卡纸产品越来越受到市场的青睐和关注。

7.2.2　防伪涂布白卡纸产品的发展趋势

随着我国涂布白卡纸市场的竞争日趋激烈，具有防伪功能的涂布白卡纸的研发和生产速度越来越快，作为高端涂布纸板的防伪涂布白卡纸是影响涂布白卡纸生产企业的竞争力的关键。作为一种具有防伪功能的材料，除了具有优良的印刷性能和物理特性外，呈现如下发展趋势：

（1）经济合理。更关注防伪技术在涂布白卡纸上应用的经济合理性，以降低后续印刷包装环节的防伪成本。

（2）大众防伪。更加强化大众识别，更多地从消费者角度出发，使用简单、易识别的防伪技术。

（3）源头防伪。从"纸"包装材料源头上进行防伪，保护品牌价值。

（4）综合防伪。防伪方式从单一模式向综合防伪发展，多学科交叉技术和多种防伪技术融合

（5）信息化和网络化。防伪技术向系统化、网络化方向发展。

（6）专有化及个性化。不但关注个性防伪产品的防伪效果，同时关注防伪元素的加入使产品成为客户的专属产品，个性化趋势明显。

7.2.3　防伪技术的发展趋势

鉴于社会公共安全、商业安全防伪的需求和流通领域假冒商品日益猖獗的严峻形势，广泛应用于日用品、化妆品、食品、药品、香烟、电子通信产

品、高档礼品等消费品包装的防伪涂布白卡纸的防伪技术迅速发展，其防伪技术的发展趋势具有如下特点：

1. 防伪技术成为多学科竞相开发、相互交叉的边缘学科

许多学科利用自身的特点和优势，积极参与到防伪技术应用的行列。防伪技术的应用，包括许多学科专业，如物理学、化学、生物学、核科学、通信网络技术、纤维制造技术、保密技术、条码技术、新材料技术等，这些基础学科又与应用技术紧密结合，因此，防伪技术是建立在多学科、多专业技术基础上的一门综合集成技术。例如，数字信息核验防伪系统，是综合应用现代计算机网络技术、通信技术、数据编码技术、高科技印刷技术进行防伪的一种高新技术。

2. 防伪技术从单一技术向多种技术集成发展

目前，就防伪涂布白卡纸来说，单一采用彩色纤维或者荧光纤维、荧光点、背涂颜色层的防伪技术很难满足市场的需求。为避免防伪标志本身的假冒，将几项或十几项防伪技术集成在一起，已显示出很好的防伪特性。

例如，俄罗斯伏特加酒的防伪包装及标签，采用了15种防伪技术集成的方法。

3. 防伪技术越来越网络化、信息化

现有防伪涂布白卡纸的防伪技术及手段很难实现网络化和信息化，随着网络、信息技术的发展和网购市场的蓬勃发展，开发新的防伪技术或手段，将其与网络、信息技术特别是移动互联网技术的融合，前景广阔，对于扩大防伪涂布白卡纸的应用和增强后续产品的防伪特性，具有重要的意义。

4. 防伪技术材料化

随着越来越多的功能材料的出现，如何与涂布白卡纸的生产相适应，进一步增强涂布白卡纸的防伪功能，已成为新的热点。以烟包用的涂布白卡纸为例，与一般产品所应用的防伪技术相比，烟包对防伪技术有更高的要求。目前除了在印刷过程采用激光全息、油墨防伪、防伪专用型BOPP烟用包装薄膜、浮凸印刷、特殊荧光墨水和颜料等外，越来越多的防伪技术采用本身

含有防伪功能的新型包装材料，以提高其防伪效果和效率。

5. 防伪技术日益同自动识别技术结合起来

通过自动识别技术能够高效、快捷、准确地对商品或其他防伪对象进行有效的鉴别。如果将信息存储的磁性介质融合于涂布白卡纸之中，应用磁条可以存储大量编码信息，可用接触扫描器读出；或者将电子芯片植入涂布白卡纸之中，其应用更加广泛。

6. 智能包装与防伪功能相结合

智能包装集自获取、自诊断、自适应、自标示、自控制于一体，是一种感应测量环境影响参数（温度、湿度、压力和透气性等）和包装产品自身质量变化，并将信息反馈传递给消费者或管理者的新技术。它使产品更加高效便捷、高质安全，所以其有着巨大的潜在优势和市场前景。

智能包装的发展源自于智能结构和智能材料的发展，其真正被提及是在1992年。智能包装分为功能材料型、功能结构型及信息型。功能材料型智能包装是基于新型材料来实现智能的功能，主要包括光电、热敏、湿敏和气敏功能材料，其一般具有时间—温度记录标志（通过机械、化学和酶的作用机理，提供产品的储存条件信息，比如瑞士Ciba公司的QnVn标签），氧气和二氧化碳等气体指示标志（通过氧化还原染色剂来监测包装是否泄漏，适用于低氧包装产品），光致变色标志（如以色列PowerPaper公司的超薄柔性电池），物理冲击记录标志（如变色塑料薄膜），微生物污染标志（通过pH染色剂或与某些代谢物反应的染色剂来监测食品中的微生物）等功能。通过这些功能材料与包装材料复合，使得包装变得更加"智能"而显得"藏有秘密"。功能结构型智能包装是通过增加或改进包装结构达到智能的特点，比如日本自加热清酒罐和雀巢公司推出的330mL自动加热牛奶咖啡罐以及Crown Cork & Seal公司和Tempra技术公司合作研发的自动冷却罐结构、显窃启包装TEP等都是功能结构型智能包装的应用典范。

要赋予防伪涂布白卡纸新的功能，以适应智能包装发展的需求，需要多学科交叉技术的合作与协作。

主要参考文献

[1] 吴义荣. 防伪高档涂布白卡纸的研究[D]. 陕西科技大学, 2005.

[2] 詹怀宇. 制浆原理与工程[M]. 3版. 北京: 中国轻工业出版社, 2011.

[3] 徐文娟, 戴红旗. 改性淀粉在造纸工业中的应用[J]. 黑龙江造纸, 2001 (3): 24-27.

[4] 刘书钗. 制浆造纸分析与检测[M]. 北京: 化学工业出版社, 2004.

[5] 夏华林. 碳酸钙在造纸工业中的应用和发展[J]. 造纸化学品, 2000, 12 (2): 5-8.

[6] 龙柱, 车大军, 李建华, 等. 阳离子聚丙烯酰胺的制备及其增强效果[J]. 国际造纸, 2004, 22 (5): 54-57.

[7] 贺贤璋. HDS 系列纸用干增强剂的制备及应用[J]. 造纸化学品, 2002, 14 (3): 1-5.

[8] 赵德清, 杨汝男, 平清伟. 烟包用涂布白卡纸国内发展概况[J]. 上海造纸, 2007, 38 (1): 33-38.

[9] 叶一心. 浅谈涂布白卡纸的生产工艺及质量[J]. 造纸科学与技术, 2004, 23 (3): 59-60.

[10] 韩艳春. 造纸工业涂布设备的应用及发展[J]. 黑龙江造纸, 2007, 2: 18-20.

[11] 孙剑峰. 阴离子型分散松香胶在涂布白卡纸中的应用[J]. 中国造纸, 2003, 22 (1): 57-58.

[12] 王成德. 淀粉在涂布白卡纸中的应用[J]. 中国造纸, 2001, 20 (5): 70-71.

[13] 汪运涛. 国内涂布白卡纸的发展现状[J]. 2008 (第十六届) 全国造纸

化学品开发应用技术研讨会论文集, 2008.

[14] 姚焓. 中国白卡纸和涂布白纸板市场分析及展望[J]. 造纸信息, 2015 (4): 32-35.

[15] 杨先龙, 刘石易. 防伪烟卡包装纸: 中国, 200420058066.8[P]. 2006-02-15.

[16] 赵万立. 防伪涂布白卡纸: 中国, 200420083654.7[P]. 2005-12-14.

[17] 林云. 防伪涂布白卡纸: 中国, 200420088623.0[P]. 2006-03-08.

[18] 林云. 防伪涂布白卡纸: 中国, 200520015894.8[P]. 2007-04-18.

[19] 林云. 防伪涂布白卡纸及其生产方法: 中国, 200410051616.8[P]. 2010-08-18.

[20] 李曙明, 杨永会, 姜玉峰, 等. 防伪涂布纸板: 中国, 98202162.3[P]. 1999-06-30.

[21] 梁开锋, 陈伟平. 一种防伪彩色喷涂多层纸板: 中国, 00249488.4[P]. 2001-08-01.

[22] 李曙明, 杨永会, 于晋良, 等. 防伪纸板及其制造方法: 中国, 98101203.5[P]. 1999-03-10.

[23] 赵万立. 防伪涂布白卡纸及其生产工艺: 中国, 96118011.0[P]. 1998-12-02.

[24] 赵万立. 防伪涂布白卡纸及其生产工艺: 中国, 97108807.1[P]. 2000-04-05.

[25] 陈宏声. 防伪纸及其制造方法: 中国, 91102676.2[P]. 1991-09-25.

[26] 赵万立. 防伪涂布白卡纸及其生产工艺: 中国, 200410051089.0[P]. 2005-03-02.

[27] 季向东, 吴义荣, 张东生, 等. 光敏变色防伪涂布白卡纸及其生产方法: 中国, 201310232270.0[P]. 2013-10-30.

[28] 丛永宁, 周大仕, 宋桂芳, 等. 开窗安全线防伪卡纸的生产方法: 中国, 200910016139.4[P]. 2011-07-27.

[29] 高岚, 刘登弟, 赵国喜, 等. 用普通长网纸机改装的板纸机: 中国, 90203716.1 [P]. 1990-03-31.

[30] 季向东, 吴义荣, 颜凌燕, 等. 热变防伪涂布白卡纸及其生产方法: 中国, 201410439183.7 [P]. 2015-03-11.

[31] 季向东, 吴义荣, 张东生, 等. 热敏变色防伪涂布白卡纸及其生产方法: 中国, 201310178819.2 [P]. 2013-09-25.

[32] 季向东, 吴义荣, 张东生, 等. 热敏变色防伪涂布白卡纸及其生产方法: 中国, 201310178830.9 [P]. 2013-09-25.

[33] 胡安忠, 刘国军, 张丽. 芯层染色防伪涂布白卡纸: 中国, 200620023489.5 [P]. 2007-06-20.

[34] 胡安忠, 刘国军, 张丽. 芯层染色防伪涂布白卡纸及其制造方法: 中国, 200610012388.2 [P]. 2006-08-23.

[35] 韩勇, 徐正铭, 杨凤玲, 等. 新型防伪卡纸: 中国, 200520027388.0 [P]. 2006-11-08.

[36] 季向东, 吴义荣, 颜凌燕, 等. 一种层间喷色的防伪涂布白卡纸及其生产工艺: 中国, 201510017863.4 [P]. 2015-05-20.

[37] 张瑞铧, 汤惠民, 周雪林, 等. 一种防伪白卡纸: 中国, 201410140474.6 [P]. 2014-06-25.

[38] 布宁, 王砚方, 孔勤, 等. 一种防伪涂布白卡纸及其生产工艺: 中国, 200910017687.9 [P]. 2011-10-05.

[39] 赵序胜, 周清, 朱克明, 等. 一种纸张的纤维防伪制作方法: 中国, 200810198662.9 [P]. 2009-04-08.

[40] 季向东, 吴义荣, 颜凌燕, 等. 一种含染色木浆纤维的防伪涂布白卡纸及其生产工艺: 中国, 201510017858.3 [P]. 2015-05-20.

[41] 袁世炬, 付建生. 一种珠光颜料防伪涂布白卡纸及其制备方法: 中国, 201310483278.4 [P]. 2015-05-13.

[42] 王金宝. 防伪涂布技术国内外发展状况与趋势 [J]. 天津造纸, 2004,

（01）：21-24.

[43] 韩志诚，丁学高，曹雄山. 在长圆网混合纸机上抄造单面涂布白纸板的几点认识[J]. 上海造纸，1996，25（2）：56-63.

[44] 徐增怀. 中国白纸板的技术进步历程[J]. 造纸化学品，2005，17（04）：16-19.

[45] 齐成. 常见防伪纸特性和应用领域[J]. 印刷质量与标准化，2007（5）：14-18.

[46] 苏艳群，曹振雷. 涂布颜料对涂布纸性质和涂层覆盖的影响[J]. 中国造纸，2005，02：3-6.

[47] 卫生部，GB 9685—2008 食品容器、包装材料用添加剂使用卫生标准[S]. 北京：中国标准出版社，2008.

[48] 全国食品直接接触材料标准化技术委员会纸制品分技术委员会，GB/T 27590—2011 纸杯[S]. 北京：中国标准出版社，2011.

[49] 全国食品直接接触材料标准化技术委员会纸制品分技术委员会，GB/T 27591—2011 纸碗[S]. 北京：中国标准出版社，2011.

[50] 全国食品直接接触材料标准化技术委员会纸制品分技术委员会，GB/T 27589—2011 纸餐盒[S]. 北京：中国标准出版社，2011.

[51] 国家新闻出版总署，GB/T 7705—2008 平版装潢印刷品[S]. 北京：中国标准出版社，2008.

[52] 国家新闻出版总署，GB/T 7707—2008 凹版装潢印刷品[S]. 北京：中国标准出版社，2008.

[53] 全国印刷标准化技术委员会，GB/T 17497.1—2012 柔性版装潢印刷品 第1部分：纸张类[S]. 北京：中国标准出版社，2012.

[54] 中国造纸工业2013年度报告[J]. 中华纸业，2014，11：8-19+3.

[55] 高玉杰. 废纸再生实用技术[M]. 北京：化学工业出版社，2003.

[56] 危志斌，宋淑绢. 白卡纸造纸废水的处理实践[J]. 纸和造纸，2012，10：56-58.

[57] 王承亮, 冯文英, 苏振华. OCC制浆造纸废水处理技术[J]. 黑龙江造纸, 2010, 01: 19-24.

[58] 马晓鸥, 刘艳飞, 李绍全. 废纸再生造纸废水的特性和处理工艺[J]. 工业水处理, 1999, 04: 10-12+47.

[59] 骆光林. 包装印刷[M]. 北京: 化学工业出版社, 2014.

[60] 冯瑞乾. 印刷概论[M]. 北京: 石油工业出版社, 1998.

[61] 杨中华. 印刷工艺[M]. 重庆: 重庆大学出版社, 2009.

[62] 顾萍. 印刷概论[M]. 北京: 科学出版社, 2002.

[63] 魏瑞玲. 印后原理与工艺[M]. 北京: 印刷工业出版社, 1999.

[64] 印刷工业出版社编辑部. 烟酒包装设计及生产技术[M]. 北京: 印刷工业出版社, 2011.

[65] 龚伟, 周志宏. 智能化防伪包装技术综述[J]. 物流技术, 2008, 27 (6): 84-86.

[66] 韩春阳, 孙炳新, 李冰. 我国食品与药品防伪包装现状及发展趋势[J]. 包装工程, 2009, 30 (5): 93-95.

[67] 龙柱. 防伪纸及其展望[J]. 江苏造纸, 2009 (4): 8-16.

[68] 董淑雯. 我国包装防伪技术发展现状与趋势[J]. 印刷质量与标准化, 2010 (12): 14-19.

[69] 李阳. 防伪包装技术及其发展趋势[J]. 河南科技, 2011, 6: 050.

[70] 仲永. 国外高科技防伪材料及防伪技术纵览[J]. 中国品牌与防伪, 2011 (8): 58-60.

[71] 陈希荣. 纳米防伪技术及其应用研究(一)[J]. 中国品牌与防伪, 2011 (9): 68-71.

[72] 盛潭. 浅谈防伪包装印刷材料与技术[J]. 今日印刷, 2011 (11): 71-73.

[73] 刘琴. 常见防伪纸张特性及其发展趋势分析[J]. 印刷质量与标准化, 2012 (11): 8-13.

[74] 马小娜, 韩颖. 防伪纸的种类及发展前景[J]. 黑龙江造纸, 2012, 40

（1）：33-37.

[75] 上官云. 白卡纸市场分析报告 [J]. 中华纸业, 2014 (15)：59-62.

[76] 邓继泽. 包装纸板现状和发展趋势 [J]. 中华纸业, 2013 (23)：60-65.

[77] 陈锡蓉. 我国防伪技术发展现状及应用 [J]. 认证技术, 2013, 02：27-28.

[78] 刘汉文. 中国涂布包装纸板市场展望 [J]. 中华纸业, 2013, 09：66-72+6.

[79] 徐胜林. 国外防伪技术的应用与发展 [J]. 印刷技术, 2002, 20：27-29.

[80] 许文凯. 智能包装的新宠——RFID技术 [J]. 印刷杂志, 2013, 02：57-59.